잘먹고 잘사는 법

청계천 즐기기

잘먹고 잘사는 법 **청계천 즐기기**

저자_ 박윤용
기획_ comma' n dot

1판 1쇄 인쇄_ 2006. 12. 18
1판 1쇄 발행_ 2006. 12. 25

발행처_ 김영사
발행인_ 박은주

등록번호_ 제406-2003-036호
등록일자_ 1979. 5. 17

경기도 파주시 교하읍 문발리 출판단지 515-1 우편번호 413-834
마케팅부 031)955-3100, 편집부 031)955-3250, 팩시밀리 031)955-3111

값은 표지에 있습니다.
ISBN 89-349-2390-3 14980
      89-349-1604-4(세트)

독자의견 전화_ 031)955-3104
홈페이지_ http://www.gimmyoung.com
이메일_ bestbook@gimmyoung.com

좋은 독자가 좋은 책을 만듭니다.
김영사는 독자 여러분의 의견에 항상 귀 기울이고 있습니다.

清溪川

잘먹고 잘사는 법

청계천 즐기기

093

김영사

잘먹고 잘살기 위한
웰빙 문화의 모든 것!

한국인에게 꼭 맞는 국내 최초 종합 실용 시리즈!
시리즈의 모든 내용은 국내 필자가 직접 발로 뛰며 기록한 것이다. 지금 이 시대를 살아가는 사람들의 관심사를 생생하게 조명한 우리 손으로 만든 최초의 종합 실용 시리즈이다.

한번뿐인 인생, 멋지게 살자!
보는 눈이 달라진다. 삶의 질이 올라간다. 건강한 삶, 행복한 삶을 꿈꾸는 나만의 생활 철학. 애완견 기르기에서 마라톤까지, 전원주택 꾸미기에서 아파트 인테리어까지 내가 꿈꾸는 라이프스타일의 모든 것!

101가지 항목으로 정리한 내가 꼭 알아야 할 전문 지식!
모든 것이 급변하는 세계화시대, 현대인이 꼭 알아야 할 모든 지식을 101가지 이야기로 구성했다. 101가지의 궁금증을 따라가다 보면 나도 어느새 웰빙 문화 전문가로 변신한다.

이보다 더 실용적일 순 없다!
나에게 맞는 라이프스타일을 찾을 수 있는 가장 간편한 책! 실생활에서 당장 유용하게 써먹을 수 있는 방법과 정보만을 콕 집어 알려준다.

기획 기간 5년, 편집 기간 3년

▶건강
세계화시대 지구인들이 선호하는 최신 스타일의 건강 비법만을 모아 명쾌하게 정리했다. 건강하게 장수하기 위한 나만의 건강서! 내 몸에 맞는 건강 철학을 찾는다.

▶취미
동물과 행복하게 지내는 재미난 방법에서부터 특색 있는 취미 찾기까지, 즐거운 일상생활을 위한 모든 정보를 모았다. 나만의 개성 있는 취미를 찾기 위한 가장 간편한 책!

▶리빙
좀더 편하고 좀더 세련되게 내 삶을 연출하는 방법. 삶의 수준을 한단계 높여주는 지혜와 정보, 나만의 개성 넘치는 생활공간 꾸미기의 모든 것이 펼쳐진다!

그 어떤 것도 내 인생보다 값진 것은 없다! 건강, 취미, 운동, 리빙 등 잘먹고 잘살기 위해 필요한 모든 문화 트렌드를 담았다. 나만의 안정된 삶을 꿈꿀 수 있도록 도와주는 최상의 가이드북.

올컬러로 구성된 고품격 디자인!
100여 컷의 생생한 사진과 일러스트! 컬러 감각이 톡톡 살아나는 아트지! 한눈에 책 전체를 조망할 수 있도록 꾸며진 세련된 본문 편집이 내가 찾던 스타일 감각과 딱 맞아떨어진다.

핸드백 속에 쏘옥, 장바구니 속에 쏘옥!
언제 어디에서든 부담 없이 읽을 수 있는 핸드북 스타일의 예쁜 판형. 이젠 부엌에서, 지하철에서, 슈퍼마켓에서, 공원에서, 차안에서 언제 어디서든 쉽고, 편하게 꺼내 읽을 수 있다.

가격 파괴! 한 권에 5,900원!
독자의 눈높이에 맞춘 합리적인 가격! 그러나 내용은 웬만한 단행본 10권 값! 아무리 다른 책을 찾아봐도 알 수 없던 내용, 이젠 알찬 가격의 책으로 손쉽게 찾는다.

내가 꿈꾸는 라이프스타일, 이 한 권이면 충분하다!
작은 책 한 권에 백과사전보다 더 많은 정보가 담겨 있다니! 이 한 권이면 내가 꼭 알아야 할 실용적인 정보와 지식을 한꺼번에 얻을 수 있다.

마침내 태어난 신개념 실용서

▶여성
이 땅에서 아름답고 현명한 여성으로 살아가기 위한 최상의 선택! 이젠 나만의 일, 나만의 라이프스타일을 포기하지 않고 더 쉽고 더 지혜롭게 내 삶을 꾸민다.

▶여행
한라에서 서울까지 우리나라 최고 여행지는 다 모였다. 여기에 세계 여행과 테마 여행까지! 지금까지 그 어디에서도 찾아볼 수 없었던 나만의 맞춤 여행법을 제시한다.

▶음식
한국인의 밥상에 올라오는 기본 음식과 우리에게 친숙한 다른 나라 음식을 소재별로 정리했다. 전문가들이 자신 있게 추천하는 요리법을 통해 나도 이젠 멋진 요리사가 된다.

청계천 즐기기

"청계천을
여유있게 즐기는
101가지 이야기"

청계고가도로가 서울 도심의 교통축으로 중요한 역할을 하던 1999년부터 청계천과 인연을 맺었다. 청계고가도로는 교통량이 많아 유지보수 공사하기가 어렵고, 교량의 구조물이 노후되어 많은 손길을 필요로 하던 명투성이 도로였다. 하지만 늘 정체와 짜증 속에서도 묵묵히 출퇴근길을 이어주고 또한 우리의 삶을 이어주던 길이 청계천이었다.

지난 2005년 10월 1일 새물맞이와 함께 새로운 모습으로 우리 앞에 등장한 청계천은 이제 우리의 일상 모습이 되어 사람들의 마음을 열어주고 도시에는 윤택함을 주고 있다. 청계천은 복원된 지 불과 몇 개월만에 놀라운 속도로 자연이 회복되고 있다. 청계천의 야생 오리는 더 이상 관심거리가 아닐 정도로 개체수가 많아졌고, 활짝 꽃핀 야생화를 분주히 옮겨 다니는 나비와 잠자리의 모습은 어디에서나 쉽게 발견할 수 있다. 떼 지어 헤엄쳐 다니는 잉어들, 부지런히 몸을 움직이는 피라미도 이미 청계천을 터전으로 살아가는 구성원이 되었고, 겨울이면 각종 철새들이 날아 들어 탐조객을 불러 모으고 있다. 어디 그 뿐인가. 콘크리트와 빌딩숲으로 덮인 도심 한복판에 매미채를 들고 물을 벗삼아 노는 아이들에게는 자연의 소중함을 일깨워 주는 학습과 추억의 장으로, 일상에 지친 직장인에게는 삶의 휴식처로 청계천을 흐르는 맑은 물길은 서울시민의 일부가 되었다.

우리 곁에서 여유로움과 윤택을 선사하는 청계천을 유지하고 지켜주는 것은 우리 모두의 몫이라고 생각한다. 지난해 10월 새물을 맞을 때 청계천 안내 지원근무를 하게 된 것이 이 책을 쓴 계기가 되었다. 구경나온 어린이들의 반복된 질문을 받으며 차례를 구상하였고, 청계천을 찾는 사람들의 궁금증에 조금이나마 도움이 되었으면 하는 마음에서 출간을 결심하게 되었다. 청계천 길잡이를 집필하는 과정에서는 내 어린 시절 자연 속에서 뒹굴며 놀던 소중한 추억을 떠올릴 수 있어 한없이 즐거웠다. 여러모로 부족하지만 지금 이 순간에도 청계천을 현장에서 가꾸고 활동하고 있는 자원봉사자, 청계천관리센터 직원 등과 출간에 도움주신 모든 분들께 이 책을 바친다.

c o n t e n t s

청계천 즐기기

清溪川

part 1
청계천의 상징
– 청계광장

1

청계광장은 청계천의 시작점으로 상징성을 가지고 있는 문화광장이다. 주변으로 미니어처, 2단
폭포, 팔석담 등 다양한 볼거리가 있으며, 넓은 청계광장에서는 사시사철 신나는 야외공연이
펼쳐지고 있다.

01 청계천의 시작, 분수광장

도심 한복판에 위치한 청계광장은 청계천이 시작되는 곳이다. 청계천의 시발점이라는 상징성답게 즐길거리, 볼거리가 푸짐해서 늘 인파로 가득하다. 2천여 평의 규모로 조성된 광장에서는 주말뿐만 아니라 날씨가 좋은 평일에도 각종 신나는 공연이 펼쳐져 사람을 모은다. 때로는 다양한 장르의 공연이 펼쳐지는데 마임 퍼포먼스, 클래식 연주, 풍물, 힙합 등 종목도 다양하다.

　　　청계광장에는 볼거리가 많다. 새롭게 복원된 청계천을 축소하여 만들어 놓은 미니어처는 물론이고 시원스럽게 물줄기를 뿜어내고 있는 광장 분수도 볼거리다. 밤이 되면 청계광장은 더욱 화려해진다. 검은색 석재로 마감한 청계바다, 시원스럽게 물을 뿜어내고 있는 분수도 화려한 빛을 담고 있다. 청계광장의 바닥, 광장 하단부의 2단 폭포, 청계광장의 분수는 조명시설이 별도로 설치되어 있기 때문에 물과 빛이 어우러진 아름다운 작품을 연출한다.

02 시오리길 맑은 물을 공급하는 2단 폭포

새롭게 복원된 청계천은 구석
구석 볼거리로 가득하다. 그
많은 볼거리 중에서도 가장
먼저 눈에 들어오는 것은 청
계광장 하단의 2단 폭포다.
시원한 물줄기를 뿜어내고 있
는 이 폭포는 하루에 9만 8천
톤의 물을 떨어뜨리며 청계천
의 물줄기를 만들어내고 있
다. 도심 한가운데 시원스럽
게 물을 뿜어내고 있는 폭포
가 있다는 것이 청계천의 매
력이다.

　　　　　멀리 한강에서부터
가져온 청계천의 물은 청계광장 2단 폭포에서 낙수가 되어 청계천의 첫 번째 다
리인 모전교를 거쳐 광통교, 수표교 등 22개 다리 아래를 차례로 지나 중랑천과
합수한 뒤 다시 한강으로 빠져나간다. 2단 폭포에서 흘러내린 새 물줄기를 따라
걷노라면 과연 이곳이 서울 한복판인가 싶을 정도로 탄성이 절로 난다.

　　　　　밤이 되어도 청계 2단 폭포의 아름다움은 계속된다. 폭포수 아래 발광
다이오드 조명을 설치해 푸른색이 은은하게 감도는 물줄기를 뿜어내기 때문이
다. 청계 2단 폭포는 청계천을 찾은 이들이 기념사진을 찍는 촬영의 명소이자 청
계8경의 하나로 손꼽히고 있다.

O3 물길을 100분의 1로 축소한 미니어처

청계광장 한가운데 마치 조각품처럼 기다랗게 물이 흐르도록 파여진 공간을 본 사람들은 '이게 무엇일까' 하고 고개를 갸우뚱하게 된다. 유심히 살펴보면 길게 파여진 이곳에는 여기저기에 다리 이름이 붙여져 있고 또 청계천의 명소들을 알리는 표찰이 붙어 있음을 알 수 있다. 바로 청계천 미니어처다.

청계천 미니어처는 청계광장 바닥에 청계천 시오리길 구간 전체를 100분의 1로 축소해 놓은 것이다. 물길의 굴곡도 실제 모습 그대로 표현되어 있다. 청계광장 한가운데를 구불구불 흐르고 있는 미니어처는 다양한 색상의 석재를 사용하였고, 전통적인 보자기에서 디자인을 따왔다. 이 미

니어처 역시 밤이 되면 또 다른 모습으로 변한다. 미니어처 바닥에 잔잔한 빛을 낼 수 있도록 광섬유가 깔려 있기 때문이다. 미니어처를 둘러보며 비행기를 타고 하늘 높은 곳에서 청계천을 내려다보는 것 같은 기분을 느낄 수 있다.

O4 첫 번째 다리, 모전교

길이가 5.8㎞나 되는 청계천의 많은 시설 중에서 돋보이는 것은 22개의 다리다. 모든 다리는 제각각 특별한 사연과 재미있는 역사적인 사실을 담고 있으며, 예술

적 모양새도 뛰어나다. 뿐만 아니라 이 다리들은 서울 도심의 주요 간선도로를 연결하는 중요한 도로로서의 역할도 겸하고 있다.

　　모전교는 그 많은 청계천의 다리 중에서 도심으로부터 첫 번째 자리잡고 있는데, 전통 대청 양식을 난간에 도입한 아치교로 만들어져 있다. 조선시대 다리 인근에 과일을 파는 과전이 있었다고 해 모전교라고 이름이 붙게 되었다. 역사가 오래된 모전교는 원래 조선 태종 12년인 1412년에 종묘 입구 서쪽의 개천을 석축으로 만들면서 석교로 조성한 것이 이 다리의 시초다.

　　모전교가 자리잡고 있는 동네 이름인 무교동은 모전교 부근에 있던 동네 이름인 모교동과 구별하기 위해 무교동으로 부르게 되었다고 한다. 모전교는 서울 종로구 서린동과 중구 무교동 사이의 네거리에 자리잡고 있으며, 다리 주변으로는 청계광장과 시원한 물줄기를 뿜어내고 있는 청계광장 분수, 그리고 청계 2단 폭포가 있어서 두 번째 다리인 광통교와 더불어 찾는 사람이 가장 많은 곳이다.

O5 청계천 맑은 물의 비밀

청계천에 흐르는 물은 어떻게 공급될까? 왜 그 물은 도심에서 동쪽의 방향으로, 일반적으로 생각하는 것과 달리 거꾸로 흐르는 것일까?

청계천 전 구간에 흐르는 물의 높이를 평균 40㎝로 유지하기 위해서는 하루 12만 톤의 물이 필요하다. 한강에서 끌어오는 것을 기본으로 하고 일부는 지하철 역사 등에 모이는 지하수로 해결한다. 한강에서 끌어오는 물은 자양취수장에서 취수하여 해 뚝도정수장에서 부유물 침전과 자외선 살균 등의 정수처리를 한 뒤, 청계천 둔치의 지하관로를 타고 상류 도심 쪽으로 이동된다. 이렇게 한강에서 길어온 물은 청계천 시점부, 삼각동, 동대문, 성북천 하류 등 4개 지점으로 각각 나뉘어져 하루 9만 8천 톤씩 청계천에 공급되고 있다.

또한 지하철 역사의 지하수는 청계천 주변의 광화문역, 동대문역 등에 모이는 지하수 2만 2천 톤을 사용한다. 청계천의 수질은 상수원 2급수의 물로 어

린이들이 안심하고 물놀이를 할 수 있을 정도다. 청계천에 사시사철 흐르고 있는 맑은 물에는 환경 적응력이 뛰어난 1급수 어종인 버들치를 비롯해 2급수 어종인 피라미, 붕어, 메기 등이 서식 가능하다.

06 동전 던지고 소원 비는 팔석담

팔석담은 이름 그대로 우리나라 대표 석재 여덟 개를 모아 조형물로 만든 청계천의 명물이다. 팔석담은 모전교 다리까지 폭 21m, 길이 60m의 구간 에 걸쳐 조성되었으며 과거의 조선 8 도와 미래의 통일된 한반도에 흐르는

물의 의미를 담기 위해 각 도를 상징하는 석재 조형물인 8도 저수호안석으로 구성되어 있다. 각 지방을 원산지로 하는 두 개씩의 큼직한 돌 사이를 갈라진 틈을 통해 물이 청계천에 합류되어 끊임없이 흐르는 물의 생명력과 8도를 연결한다는 의미를 담고 있다.

　　팔석담에 사용된 돌은 경기 포천의 운천석, 강원도 동해의 동해석, 춘천의 후동석, 경남 함양의 함양석, 경북 울릉도의 몽석, 제주도의 제주석, 전남 담양의 담양석, 경남 함양의 마천석, 경기도 가평의 가평석, 충남 천안의 천안석, 전남 고흥의 고흥석 등이며 보행자들이 직접 볼 수 있도록 청계천 산책로와 연결되어 있다. 청계 2단 폭포 바로 아래에 조성된 팔석담에 동전을 던지면 소원이 이루어진다고 하는 속설이 있어 구경 나온 많은 시민들이 가던 길을 멈추고 각자 소원을 기원하면서 동전을 꺼내 팔석담 물에 던지는 장면을 쉽게 볼 수 있다.

07 노천카페에서 여유를 즐긴다

청계천 맑은 물줄기를 따라 하류 쪽으로 내려가다 보면 곳곳에 볼거리와 먹을거리가 푸짐하다. 그 중에서도 청계천 시작점의 청계광장과 모전교 주변으로는 물길을 따라 형성되어 있는 노천카페들을 볼 수 있

다. 청계천변에서 가장 좋은 자리를 차지하고 있는 이 카페들은 대부분 서구 스타일의 건물과 인테리어로 청계천의 물줄기와 어우러져 마치 외국의 휴양지를 찾은 느낌이 들 정도다. 그 중에서도 으뜸은 'JS텍사스바'다. 청계천이 바로 보이는 길가에 놓여 있는 테라스의 테이블에 앉아 시원한 생맥주를 마시면 강물과 함께하는 여유로운 시간을 즐길 수 있을 것이다. 그 건너편인 신문박물관 옆의 '베니건스'도 인기다. 웬만한 도시 곳곳마다 줄줄이 들어서 있는 패밀리 레스토랑 중에서 이곳 만큼 멋진 경관을 자랑하는 곳은 없을 것이다. 패밀리 레스토랑답게 아이들을 동반한 가족들의 식사 장소와 젊은 연인들의 데이트 장소로 인기다. 청계천에서 몇 분 정도 걸어 들어가야 되지만 관철동의 '티포투'도 가볼 만

한 곳이다. 청계천 주변의 카페들이 대부분 활기차고 열기 가득한 젊음의 분위기
인 반면에, 이곳은 마치 바깥세상과 단절된 듯한 고요함과 여유롭고 아늑한 분위
기를 간직하고 있다. 그밖에 '몰리제'와 '드구띠에' 등도 야외 테라스를 갖춘 카
페이기 때문에 전망이 좋다.

08 분위기에 취하는 무교동 낙지 골목

청계천의 첫 번째 다리인 모전교 오른쪽으
로 빠져나가면 바로 무교동 낙지 골목으로
이어진다. 무교동 낙지 골목은 모르는 사람
이 없을 정도로 오랜 전통을 자랑하고 있는
먹거리촌이다. 도심 한가운데 자리잡고 있
음에도 예전 그대로를 간직하고 있는 허름
한 모습들이 오히려 더 정감이 간다. 이 낙
지 전문 음식점들은 하루 이틀에 이루어진
것이 아니기에 모두가 원조라고 해도 과원
이 아니다.

원래 무교동은 조선시대부터 평민
들이 도성에 드나들던 길목이어서 자연스
럽게 술집과 음식점이 많았던 동네다. 그러
나 이곳 역시 도시 재개발에 밀려 하나둘씩
술집과 낙지 전문점들이 사라지거나 다른
곳으로 이사했다. 무교동 낙지 전문점들
대부분이 이곳에서 그리 멀지 않은 교보문
고 옆 피맛골이나 청진동 쪽으로 이전을 했

다. 몇 개 남아 있는 낙지 전문점들은 예나 지금이나 허름하게 자리잡고 있지만 예전 명성 그대로 늘 사람들로 북적인다. 다소 후미진 골목 끝에 자리잡고 있고 낡은 분위기임에도 이러한 점이 오히려 무교동 정취를 그대로 살려주어 맛뿐만 아니라 옛 추억까지 되새길 수 있다.

09 디지털 세상을 만나는 아트센터 나비

모전교 앞에 미끈하게 하늘 높이 우뚝 솟아 있는 SK빌딩 안에는 현대식 문화 공간 하나가 자리잡고 있다. 바로 건물 4층에 자리잡고 있는 아트센터 '나비' 다. 이곳은 카페 형태의 멀티미디어 갤러리 전시관으로 꾸며져 있는데 주로 첨단 기술과 비디오아트 등 현대미술 작품들을 전시하고 있다. 다양하게 구비되어 있는 각종 미디어 아트와 도서 등의 자료들도 부족함이 없다. 특히 자료실에는 예술, 인문, 사회과학 및 공학, 과학 등 장르를 망라해서 다양한 분야의 도서를 포함해 국내외 주요 저널과 시디롬, DVD 등의 자료들이 잘 갖추어져 있어 누구든지 자유롭고 쉽게 이용할 수 있다.

전시나 미술 강좌가 없을 때는 일반 관람객을 위한 인터넷 카페로도 활용되고 있고 수시로 만화와 단편영화도 상영하고 있다. 아이와 함께 청계천을 구경나온 가족들도 부담 없이 찾을 수 있는 문화 공간이지

만 토·일요일에는 휴관한다는 불편함이 있다. http://www.nabi.or.kr

10 나만의 체험학습장, 신문박물관

청계천 일대 도심 쪽은 조선일보, 동아일보, 서울신문사 등 여러 언론사가 자리
잡고 있다. 그 한가운데
청계광장을 바라보고 신
문박물관이 자리잡고 있
다. 새로 신축된 광화문
동아미디어센터 3층에
문을 열었는데 프레시움
이라고도 불린다. 언론을
뜻하는 프레스와 박물관
을 의미하는 뮤지엄의 합성어다. 이 박물관은 신문 역사관과 미디어 영상관, 테
마관으로 구성되어 있으며, 600여 점의 전시품을 비롯해 5천여 점의 언론 자료
를 보유하고 있다.

특히 미디어 영상관에는 신문제작 체험 코너가 있어 관람객이 누구든지
참여할 수 있다. 관람객이 미리 600자 이상의 기사 원고와 사진 등을 준비해 오
면 신문편집 조판기로 실제 신문 1면과 똑같이 만들어 주고 있다. 신문 1면에 가
족의 사진과 함께 내가 작성한 원고가 그대로 기사가 되어 한 장의 신문으로 출
력되는 이 프로그램은 가족들과 초, 중학교의 체험 학습장으로 인기다. 또한 미
래 신문 글래스 비전은 다가올 미래의 가상신문을 보여주는 첨단기기로 이곳을
찾은 고객이 직접 글래스 비전에 뉴스를 담아 볼 수도 있다. 월요일을 제외하고
오전 10시부터 오후 6시까지 관람 가능하다. http://www.presseum.or.kr

다리	근접 지하철역	거리	소요시간
청계광장	5호선 광화문 5번출구	50m	1분
	1,2호선 시청 4번출구	250m	2분
모전교	5호선 광화문 5번출구	200m	2분
	1,2호선 시청 4번출구	380m	4분
광통교	1호선 종각 5번출구	200m	3분
	2호선 을지로입구 2,3번출구	400m	6분
광교	1호선 종각 5번출구	60m	1분
	2호선 을지로입구 2,3번출구	260m	2분
장통교	1호선 종각 4번출구	300m	4분
	2호선 을지로입구 3번출구	350m	5분
삼일교	1호선 종각 4번 출구 / 1호선 종로3가 14번 출구	500m	8분
	2호선 을지로3가 1번 출구	350m	5분
수표교	1호선 종로3가 15번 출구	370m	5분
	2호선 을지로 3가 1,2번 출구	190m	2분
관수교	1호선 종로3가 13,14번 출구	200m	3분
	2호선 을지로3가 4,5번 출구	100m	1분
세운교	1호선 종로3가 12번 출구	350m	5분
	2호선 을지로3가 5번 출구	280m	4분
배오개다리	1호선 종로5가 7번출구	450m	6분
	2호선 을지로4가 3,4번 출구	80m	1분
새벽다리	1호선 종로5가 6,7번 출구	270m	4분
	2호선 을지로4가 4번 출구	260m	3분
마전교	1호선 종로5가 6,7번 출구	100m	1분
	2호선 을지로4가 4번 출구	430m	6분
나래교	1호선 종로5가 6번 출구	260m	3분
버들다리	1,4호선 동대문 8번 출구	230m	3분
	2호선 동대문운동장 14번 출구	500m	6분
오간수교	1,4호선 동대문 7,8번 출구	앞	–
	2호선 동대문운동장 1,14번 출구	400m	5분
맑은내다리	1,4호선 동대문 7,8번 출구	240m	3분
	2호선 동대문운동장 1번 출구	600m	9분
다산교	6호선 동묘앞 1번 출구	180m	2분
	2호선 신당역 10번 출구	300m	4분
영도교	6호선 동묘앞 6번 출구	300m	4분
황학교	1호선 신설동 10번 출구	400m	6분
비우당교	1호선 신설동 9번 출구	360m	5분
무학교	2호선 상왕십리 1,2번 출구	580m	8분
두물다리	2호선 지선 용두역 5번 출구	550m	8분
고산자교	2호선 지선 용두역 4,5번 출구	100m	1분

清溪川

part 2
살아있는 역사의 거리
– 청계2가

청계2가의 청계천은 도심 속 살아있는 역사의 거리다. 조선시대 최대의 다리를 자랑했고 그 당시 다리 밟기와 연날리기를 했던 광통교와 장통교의 위엄과 192m나 되는 타일벽화 예술품 정조반차도 등 역사적인 사실을 알 수 있는 다양한 볼거리가 있다.

11 답교놀이를 했던 광통교

보신각이 있는 서울 종로 네거리에서 남대문으로 가는 큰 길을 잇고 있는 광통교
는 조선시대 태조 때 축조한 다리로 원래 이름은 '큰 다리'라는 뜻을 가진 대광통
교였다.

　　　조선 초 한양 도성 건설 때 놓여진 광통교는 처음에는 흙으로 만들어졌
으나 태종 10년인 1410년 여름에 큰비가 내려 다리가 유실되자 태종의 계비인 신
덕왕후 강씨의 무덤인 정릉의 석물을 사용하여 다시 석교로 만들었다고 전한다.
태종이 왕후의 무덤인 정릉의 석물로 이곳 광통교를 다시 만든 이유는 태종 이방
원이 신덕왕후에 대해 갖고 있던 나쁜 감정 때문이었다. 그의 아버지인 이성계가
자신의 왕위를 강씨의 소생인 방석에게 넘겨주려고 하자 전처의 소생인 이방원
이 난을 일으켜 정도전과 방석을 죽이는 사건이 발생하게 되었다. 이 사건이 바
로 왕자의 난이다. 이후 정권을 장악한 이방원이 자신의 계모인 강씨의 묘에 사
용되었던 돌들을 광통교로 옮겨 다리의 교각으로 썼다.

　　광통교는 조선 궁궐과 숭례문으로 연결되는 큰 길가에 놓여 있어 조선시대에는 종각과 더불어 한양 도성의 상징이기도 한 유서 깊은 다리다. 이렇듯 한양의 가장 핵심이 되기도 했던 중요한 다리였기 때문에 정월 대보름이 되면 도성의 많은 남녀가 이곳에 모여 답교놀이를 했다.

12　젊은이들의 열기를 느낄 수 있는 장통교

22개나 되는 청계천 다리 중에서 이곳 장통교는 젊은이들이 즐겨찾는 다리다. 젊음의 거리 관철동의 휘황찬란한 네온사인과 장통교를 밝혀주는 청계천의 조명, 젊은이들로 가득한 관철동의 열기가 함께하기에 장통교는 밤이 되면 더욱 화려해진다.

　　조선시대 5부 52방 가운데 하나인 장통방이 있던 자리라 하여 장통교라는 이름이 붙여졌으며 다리 부근의 동네 이름인 장교동도 여기에서 유래하고 있다. 조선시대에는 이 다리 근처에 '장찻골'이라는 마을이 있었다 하여 '장찻골 다리'라고도 불렀다. 이 일대는 한양 도성 안의 상업 중심지로서 시전상인들이 모여 살던 곳이며, 중앙과 지방 관청의 연락사무를 맡아 보던 경주인(京主人)들의 본거지이기도 했다. 조선 후기 백의정승이란 말을 들으며 개화 물결의 선구자적 역할

을 수행했던 유대치도 이 다리 부근에서 살았다는 기록이 있다. 장통교가 있는 주변은 조선시대도 그랬듯이 지금도 서울 도심의 가장 번화가다. 그만큼 볼거리와 즐길거리가 많아서 장통교 주변은 언제나 사람들의 물결이

가득하다. 장통교를 건너 종로
쪽으로 가면 골목골목 주점과
카페, 그리고 레스토랑과 식당
들이 즐비하게 늘어선 관철동
이 있다. 낮과 밤이 따로 없이
청춘의 열기가 가득한 젊은이
들의 천국이 바로 이곳이다.

13 타일 벽화로 다시 만든 정조반차도

청계천 산책로를 걷다보면 공연도 볼 수 있고 또 곳곳에 설치되어 있는 벽화도
볼 수 있다. 말 그대로 청계천은 문화가 있는 예술의 거리다. 그 중에서도 청계2
가 삼일빌딩 아래 청계천변 옹벽에 있는 대형 타일 벽화는 산책을 즐기는 이들의
시선을 끌기에 충분하다. 이 벽화 앞에서 대부분 발걸음을 멈추게 된다. 웅장한
도자 벽화는 바라보는 사람들의 탄성을 자아내기에 충분하며, 이 그림을 배경으
로 카메라 셔터를 누르기에 여념이 없다. 특히 우리 전통 문화 유적에 관심이 많
은 외국 관광객들은 더욱 흥미롭게 그림의 내용에 몰두하게 된다.

　　'정조반차도'는 중요한 역사적 기록이 담겨 있는 미술품으로, 조선 22대

정조대왕이 그의 아버지 사도세
자의 회갑을 기념하기 위해 어머
니인 혜경궁 홍씨를 모시고 경기
도 화성과 사도세자의 무덤인 현
륭원에 다녀오는 8일간의 의전
행렬을 상세하게 그려 놓은 그림
이다. 원래 이 그림은 김홍도를

비롯하여 김득신, 이인문 등 당시 최고의 화원들이 참여해 합작으로 그린 그림이다. 이 작품은 〈원행을묘정리의궤〉에 수록되어 있는데, 이곳 청계천에 높이 2.4m, 길이 192m나 되는 타일 벽화로 다시 태어났다. 벽화는 가로 30㎝, 세로 30㎝의 세라믹 자기 타일 5,120장으로 구성되어 있으며 모두 1,700여 명의 인물과 800여 필의 말이 행진하는 모습이 생생하게 담겨 있다.

14 청계천에 등장한 베를린광장

청계천 삼일교 다리를 건너면 한화빌딩 앞의 넓은 공터에 있는 이색적인 광장이 쉽게 눈에 띈다. 광장에는 마치 벽돌로 만들어진 하나의 조각품인 양 이색적인 조형물 하나가 우뚝 서 있어 지나는 이들의 발걸음을 멈추게 한다.

청계천 복원과 더불어 새롭게 조성된 베를린광장의 상징 조형물은 실제 동독과 서독이 통일되던 날 허물어진 베를린 장벽의 일부를 가져와 만들었다. 이

광장은 독일 베를린 시정부가 청계천2가 삼일교 남쪽 한화빌딩 앞에 조성, 서울시에 기증했으며 대략 30여 평 규모에 베를린 장벽, 베를린을 상징하는 곰 모형 등이 설치되어 있다. 광장 바닥은 독일 전통의 정원 양식에 따라 물이 잘 통하는 사괴석으로 포장되었고, 베를린의 마르찬 휴양공원에 설치되어 있던 조명과 의자도 그대로 본떠 옮겨 놓았다. 서울시에서 베를린의 마르찬 공원에 정자를 지어 기증한 바 있어 이에 대한 답례인 셈이다.

15 조선시대 광통방에 있던 광교

광교는 조선시대에 세워진 다리로, 서울 종로 네거리에서 남대문으로 가는 큰 길을 잇는 청계천 위에 걸려 있다. 광통방에 있던 다리라고 해서 광교라고 불렸으며 처음에는 대광통교라고도 했다. 그러나 이 다리는 예로부터 많은 이름으로 불렸다. 〈세종실록 지리지〉에는 북광통교라 했고, 〈신증동국여지승람〉에는 대광통교, 〈도성지도〉에는 광통교, 〈수선전도〉에는 대광교 등으로 각각 기록되어 있어 약간의 혼란과 차이는 있을 수 있으나 일반적으로 대광교 또는 광교라고 불러왔다. 이 다리는 종로 도심 한가운데 자리잡고 있기 때문에 늘 인파로 북적인다. 주말에는 물론이고 평일에도 주변 직장인들의 쉼터이자 산책을 즐길 수 있는 공간이다. 부근에는

예금보험공사, 시티은행, 신한은행 본점 등 금융시설이 들어서 있는 건물들이 즐비하다. 청계천 부근에 이러한 금융시설이 많이 들어선 이유는 풍수지리학적으로 은행 앞에 맑은 물이 흐르면 돈이 많이 들어오고 부자가 된다는 속설이 있기 때문이라고 한다. 광교를 건너 종로 쪽으로 조금만 가면 제야의 종소리로 유명한 보신각이 있으며, 길을 건너 우정국로를 따라 좀더 올라가면 우리나라 불교의 총본산인 조계사가 있고, 그 건너편으로는 인사동 전통거리와 연결된다.

16 청계천의 사랑방, T2마당

새롭게 복원된 청계천을 구경하기 위해 관광버스를 타고 지방에서 올라온 사람들도 많다. 단체 여행객이라면 청계천을 둘러본 후에 한국관광공사 지하 1층의 관광안내 전시관을 한번 찾아보는 것도 괜찮다. 한국관광에 대한 다양한 자료와 유익한 정보가 가득한 이곳은 한국관광에 관한 모든 것을 알 수 있다.

이 전시관에는 한국관광을 대표하는 각 지역 홍보관과 문화 콘텐츠를 접할 수 있는 이벤트홀 등이 마련되어 있다. 이벤트홀에는 한국 드라마와 영화, 음악 등 다양한 문화정보와 자료가 가득하다. 기념품 코너도 마련되어 있는데 한국을 대표하는 인간문화재들이 손수 만든 작품 판매 전시관을 비롯해 한국관광 기념품 코너, 한류상품 코너 등이 있어 한국을 방문하는 외국인들이 기념품을 구입하기에좋다.

청계천 복원과 더불어 새롭게 조성된 T2마당은 작은 열린 문화광장이다. 청계천 물줄기가 보이는 관광공사

건물 앞마당에 나무 데크를 깔고 무대를 만들어 놓아 평소에는 청계천을 구경할 수 있는 일반인들의 휴식 공간으로 활용되며, 때맞추어 공연이 열리면 도심 문화 공간으로 탈바꿈하게 된다.

17 청계천 복원 기록을 전시하는 안내센터

청계천 복원과 관련된 정 보를 얻고 싶다면 청계천 안내센터에 가보자. 청계 천 삼일교 길 건너 한화빌 딩 앞에 마련되어 있는 청 계천 안내센터는 청계천의 복원 기록과 외국인을 위 한 홍보 자료, 그리고 청계 천 기념품을 살 수 있는 코

너로 꾸며져 있다. 청계천 복원 공사가 완료되기 전까지는 청계천 홍보관이 있었 던 곳으로 청계천이 복원되면서 안내센터로 새롭게 단장했다. 건물 2층에는 외국 인들을 위한 외국어 자원 봉사자가 친절하게 설명을 해주고 있다. 청계천 하류에 서 거슬러 올라온 사람이라면 이곳에 들러 잠시 쉬었다 가는 것도 좋을 듯 싶다.

청계천 산책로에는 환경오염을 사전에 예방하기 위한 한 방편으로 화장 실이 없다. 때문에 화장실을 이용하려면 청계천 산책길에서 빠져나와 근처 상점 이나 빌딩의 화장실을 이용해야 한다. 모두 개방하고 있다고 하지만 어느 정도 눈 치를 봐야 하는 것은 당연하다. 그러나 이곳 안내센터에서는 그럴 필요가 없을 뿐 만 아니라 자그마한 휴게실도 있어 잠시 쉬어갈 수 있는 휴식 공간으로 적격이다.

18 다리밟기와 연날리기 이야기

일찍이 조선시대부터 서민들의 생활의 터전이자 쉼터이기도 했던 청계천은 갖가지 문화행사의 거점이기도 했다. 정월 대보름 보신각 종루에서 종소리가 울리면 청계천에서는 다리밟기 축제가 펼쳐졌다. 이 다리밟기는 청계천에서 이루어진 가장 대표적인 민속놀이였다. 한양 도성을 출입하기 위해 거쳐야 하는 장통교에서 다리밟기를 하면 1년 동안 다리에 병이 생기지 않는다는 속설이 있었기 때문에 그날이 되면 한양에 사는 사람들

거의 대부분이 청계천에 나왔을 정도다.

연날리기도 다리밟기와 함께 정월 대보름을 전후해 청계천에서 열린 대표적 민속놀이였다. 우리나라에서 연날리기가 널리 보급된 때는 바로 청계천을 준천한 조선시대 영조 무렵부터라고 전해지며, 영조도 연날리기를 좋아해 자주 청계천으로 구경 나갔을 정도라고 한다.

청계천 하천 바닥이 동서로 길게 나 있어 바람이 잘 통했기 때문에 광통교와 수표교가 연날리기 장소로 가장 적합했다고 한다. 뿐만 아니라 청계천에서는 우리 고유의 무예인 태껸이 열렸다. 조선시대에는 마을끼리 편을 갈라 경기를 하는 태껸이 성행했는데 서울에서는 청계천 하류 쪽인 동대문과 광희문, 왕십리 일대가 태껸 경기가 자주 열리는 주요 장소였다.

19 관철동 피아노 거리

청계천 장통교 다리를 건너 종로 관철동에 이르면 발을 딛고 다니는 길이 피아노 건반으로 꾸며진 거리가 있다. 청계천에서 종로까지 기다랗게 이어진 이 도로가 바로 피아노 거리다. 마치 웅장한 피아노 건반 위를 거니는 느낌이 드는 이 골목에 들어서면 누구나 할 것 없이 모두가 디지털 카메라와 핸드폰을 꺼내 들고 사진 찍기에 여념이 없다. 사람들이 분주히 오가는 거리 한복판의 피아노 건반 위에 그냥 걸터앉아 다양한 사진 포즈를 취하는 광경도 수시로 볼 수 있다.

주말이나 연말연시 등 특별한 날에는 청계천 쪽 끝에 마련되어 있는 간이무대가 신나는 문화 공간으로 변하기도 한다. 그곳에서 춤과 노래가 어우러지는 신나는 문화 공연이 펼쳐지면 남녀노소가 따로 없이 모두 분위기에 매료당한다.

마치 시장통을 연상시키는 시끌벅적한 분위기, 젊음의 홍수로 신나게 하루를 보낼 수 있는 곳이 관철동 피아노 거리다. 늘 젊은 사람들로 붐비는 관철동은 골목마다 주점은 물론이고 다양한 종류의 식당이 즐비한 먹자골목을 이루고 있다. 찾는 사람 대부분이 젊은이들이기 때문에 골목 안의 식당들 역시 너나 할 것 없이 모두가 활기차고 다채롭다. 이탈리아 파스타 전문점, 스파게티 전문점, 카페, 주점 등 입맛에 맞게 고르기만 하면 된다.

20 2층버스 타고 한 바퀴 돌아볼까?

청계천 복원으로 기존의 차로가 많이 폐쇄되어 이 구간을 운행하던 시내버스가 대부분 청계천과 인접한 을지로나 종로 쪽으로 구간을 변경했다. 이에 따라 청계천 물길을 따라 운행하는 순환버스가 운행되어 청계천을 찾는 관광객의 편리한 교통수단으로 이용되고 있다. 특히 청계천의 긴 구간을 걸어서 구경하기 어려운 어린이나 노인, 몸이 불편한 사람도 쉽고 편리하게 청계천을 구경할 수 있는 수단으로 좋은 역할을 하고 있다.

광화문 동화면세점 앞에서 출발해 청계광장에서 청계천 물줄기를 따라 복원의 끝 구간인 청계문화관을 통해 광화문으로 되돌아오는 코스이다. 순환버스로 2층버스가 도입되어 지상으로부터 3m 높이에 앉아 청계천을 한눈에 바라볼 수 있다.

통역이 가능한 전문가이드가 주요 다리와 주변 명소의 역사, 얽힌 일화를 탑승시간 내내 설명해주고, 화장실까지 갖춘 빨간색 2층버스는 청계천의 새로운 명물로 자리잡고 있다. 청계천변을 1시간 40분에 걸쳐 순환하며 1일 5회 운행하는데 요금은 어른 5,000원 고교생 이하는 3,000원이다. 아직은 2층버스가 한 대뿐이기 때문에 출발시간을 미리 체크하고, 일행이 있을 때는 사전에 예약을 하는 것도 좋은 방법이다.

서울시티투어버스 www.visitseoul.net 전화 02-777-6090

빌딩은 기본 설계부터 완공까지 순수한 국내 기술로 지어진 최초의 고층이기도 하다. 삼일빌딩의 꼭대기층 스카이라운지에는 대중식 뷔페 식당이 있는데 청계천 복원과 더불어 전망 좋은 명소로 새롭게 각광을 받고 있다.

22 숙종이 장희빈을 만난 수표교

삼일교 다음에 자리잡고 있는 수표교는 22개의 다리 중 유일한 목조 다리다. 그러나 이 다리는 수표교라고 불리긴 하지만 실제 수표교는 아니고 수표교가 있던 곳에 놓여진 임시 다리다. 임시 수표교는 예전의 수표교 터에 자리잡고 있기 때문에 그냥 수표교라 불려지고 있으며, 시민과 주변 상인들의 편의를 위해 수표교 복원 전까지 사용될 예정이다. 원래 이곳에 설치되었던 수표교는 청계천 수위를 측정하기 위해 수표석을 세운 것에서 이름이 유래되었다고 하는데 청계천 복개 당시 철거되어 장충단공원으로 옮겨졌다. 청계천 복원과 함께 아직 제자리를 찾아오지 못한 이유는 다리가 너무 많이 낡아서 이전할

경우 오히려 훼손될 수 있다는 의견에 따라 복원이 보류되고 있다.

수표교는 역사에 기록될 정도로 조선시대 임금이 사랑을 꽃피운 장소로 유명하다. 숙종이 영희전을 참배하고 수표교를 건너 돌아오다가 우연히 문밖으로 왕의 행차를 지켜보던 아리따운 소녀를 발견하고, 얼마 후에 그 여자를 궁으로 불러들여 사랑의 결실을 맺게 된다. 그 여자가 바로 후세에 이르도록 두고두고 회자되고 있는 장희빈이다.

수표교가 있던 동네는 과거 청계천을 오염시키는 주범으로 손꼽혔던 곳이다. 조선 태종 때에는 수표교 다리 주변으로 소나 말을 사고파는 우마전을 설치하고 그 배설물을 청계천으로 흘려보냈다. 그 당시 소와 말의 배설물이 얼마나 많이 쌓였던지 청계천의 물이 오염되는 것은 물론이고 물의 흐름을 막았을 정도라고 한다.

23 청계천의 맑은 물을 관망하는 관수교

물이 얼마나 맑았으면 '푸를 청' 자를 써서 청계천이라는 이름을 붙였을까? 지금 세대에 청계천의 옛 모습을 상세하게 기억하고 있는 사람은 드물 것이다. 대부분 청계천에 대한 기억은 고가도로가 버티고 서 있고 차량의 물결 속에 길바닥까지 어지럽게 상품이 쌓여 있던 복잡한 거리쯤으로 여기고 있을 것이다. 하지만 관수교 아래에서 바라보는 청계천은 푸르고 더욱 맑다. 예나 지

금이나 다리 모습도 변함없이 우아하고 아름답다.

청계3가 네거리의 관수교는 이 부근에서 청계천의 수위를 관측했다는 데서 다리의 이름이 유래되었다고 한다. 또한 어떤 자료에서는 '청계천에 흐르는 물을 바라본다'는 뜻에서 '관수'라는 이름을 붙였다고 하며, 조선시대에는 도성의 많은 다리 중에서 관수교가 가장 아름다운 다리였다고 한다. 그 후 이 다리 위로 일제에 의해 창경궁로와 배오길을 연결하는 도로와 전차선이 개설되었으나, 1958년 청계천이 복개되면서 콘크리트 바닥 아래로 사라져버렸다. 새롭게 복원된 다리의 모양은 전통 대청 양식을 도입한 아치교이며, 다리 규모는 폭이 25.5m, 길이는 22.6m다. 관수교를 '영화의 다리'라고도 부르는 것은 다리 주변으로 우리나라 제일의 극장가가 자리잡고 있고, 남쪽으로는 충무로가 연결되기 때문이다.

24 청계천 수위를 관측했던 수표교 터

원래 수표교는 조선 초 태종 때 청계천 위에 놓여진 돌다리로 장안의 명물이었다. 이 다리는 1959년까지 종로구 관수동과 중구 수표동 사이에 있었으나 1957년부터 서울시가 청계천 복개공사를 시작하면서 청계천에 놓여 있던 다리의 매몰이나 철거가 불가피하게 되었다. 그러나 청계천의 여러 다리 중에서도 특별히 수표교는 역사적으로 가치가 높은 유물로서 훼손할 수 없다는 여론에 따라 현재 장충단공원으로 옮겨져 보존되고 있다.

청계천 수위를 관측했던 수표석은 영조 36년에 재건된 것인데 역시 다리와 함

께 장충단공원으로 옮겼다가 현재는 청량리동의 세종대왕기념관으로 다시 옮겨져 보존되고 있다. 원래 수표교는 조선 한양 천도 후 마전교라고 불렸다가 세종 때인 1441년에 두 개로 된 부석 위에 치수를 새겨 놓은 나무 기둥을 끼워 세운 목제 수표를 세운 뒤로부터 이 다리를 수표교로 고쳐 불렀다. 폭 7.5m, 높이 4m, 길이 27m의 수표교가 있던 자리에 지금은 수표교 터를 알리는 표석이 설치되어 있다.

세종대왕이 만든 수위 계측기, 수표

수표는 홍수 때를 대비하여 청계천 물의 높이, 즉 수위를 재기 위한 도구다. 수표는 높이 약 3m, 너비 약 20cm의 화강암으로 된 돌기둥으로 만들어 세종 23년인 1441년에 지금의 수표교 자리인 마전교 서쪽에 세웠다. 처음에는 나무로 만들었다가 나중에 돌로 바꾸었으며, 수표의 눈금은 양면에 1자부터 10자까지 1자마다 새겨져 있다. 또 3자, 6자, 9자의 선 위에 0표를 하여 갈수(渴水), 평수(平水), 대수(大水)를 알려주었다. 현재 청량리 세종대왕 기념관으로 옮겨져 보존되고 있다. 1985년 8월에 보물 제838호로 지정되었다.

---

25 조선시대의 청계천 준천 공사

조선 초기만 해도 청계천에 대해 별 관심이 없었다. 그러나 갈수록 한양에 인구가 유입되면서 상황은 많이 달라졌다. 임진왜란과 병자호란이라는 두 차례 전란을 겪은 이후 많은 유민들이 한양으로 몰려들어 인구가 급증하고, 이에 따라 생활하수가 사회적인 문제로 대두되었다.

뿐만 아니라 17, 8세기에는 때 아닌 이상기온 현상으로 태풍과 폭우 등이 끊이지 않았으며, 겨울에는 추위를 이기기 위해 사람들이 함부로 나무를 베어 땔감으로 사용했다. 이로 인해 한양 주변에 있던 산들은 거의 나무가 베어진 민

둥산이 되어 조금만 비가 내려도 토사가 쓸려 내려와 개천을 메우게 되었다. 이 때문에 영조가 즉위한 1725년경에는 토사가 쌓여 하천 바닥이 평지와 같은 정도까지 올라와 준천이 불가피한 상황에 이르게 되었다. 결국 영조는 1760년에 20만 명의 인원으로 개천 밑바닥을 파내는 대규모 역사를 시작하여 13년 만에 공사를 마무리했다. 그러나 그 후에도 개천의 제방이 부실하여 무너지는 일이 많아지자 이 문제를 해결하기 위해 다시 영조는 1770년부터 4년여에 걸쳐 개천 양안을 석축으로 바꾸는 공사를 시작했으며, 준천사라는 기관을 두어 평균 2~3년에 한 번씩 개천 바닥에 쌓인 오물과 토사를 제거했다.

26 영화의 거리

청계천을 산책하다가 관수교로 빠져나가 종로통으로 나서면 극장가를 만나게 된다. 종로3가는 1990년대 초반까지만 해도 누구나 인정하는 국내 영화 상영관의 1번지였다. 그래서 늘 이곳에는 영화를 보려는 사람들로 붐볐으며, 당시 최고의

개봉관인 서울극장, 피카디리극장, 단성사가 모여 있어 이 지역을 '골든트라이앵글'이라고도 불렀다. 그러나 이들 유서 깊은 영화관은 2000년대 들어 대형 멀티플렉스 영화관이 등장하면서 사양길로 접어들게 되었고, 그나

마 몇 개 극장은 한동안 문을 닫기까지 했다. 그러나 청계천 복원과 때를 맞추어 이 일대의 영화관이 새롭게 변신하여 예전의 명성을 되찾아가고 있다. 가장 대표적인 극장인 서울극장이 일찌감치 대형 멀티플렉스로 변신했고, 피카디리 극장과 단성사도 각각 리모델링을 거쳐 새롭게 문을 열었다.

　　을지로3가 쪽에도 매직시네마, 스카라극장, 명보프라자 등 3개의 개봉관이 자리잡고 있다. 어찌되었든 이 극장들이 예전의 화려했던 명성을 찾기 위해 다시 기지개를 펴는 것은 청계천 복원이 한몫을 하고 있다. 청계천을 구경나온 시민들이 청계천을 둘러본 후 가까운 극장을 찾아 가족이나 연인과 함께 영화를 관람하는 것은 이젠 자연스러운 현상이 되었기 때문이다.

27 푸짐한 길거리 음식

사람들이 많이 찾는 곳은 어김없이 먹을거리가 푸짐하다. 청계천도 예외는 아니다. 청계천 산책길은 원칙적으로 노점상들의 출입을 금지하고 있기 때문에 청계천에서 빠져나와 종로나 을지로로 연결되는 구간은 길거리 음식을 팔고 있는 포장마차들이 즐비하다. 서울극장 앞부터 시작되는 이 길거리 음식은 종로4가까지 이어진다. 대부분의 포장마차에서 취급하는 메뉴는 떡볶이와 만두, 순대를 비롯하여 200원짜리 미니 샌드위치, 1천 원짜리 닭꼬치, 탕수육과 빨간 어묵 등 종류

도 다양하다. 영화를 보고 나온 연인들은 물론 외국어학원에서 강의를 듣고 나온 젊은이들에게는 걱정 없이 한 끼를 해결할 수 있는 곳이기도 하다. 외국인들도 자주 볼 수 있다. 이곳 길거리 음식의 대명사는 '김떡순', 또는 '부순

떡'이라 불리는 음식들이다. 이 메뉴는 김치전과 떡볶이, 그리고 순대볶음을 모두 합한 메뉴로 이 세 가지를 모두 맛보는데 3천원이면 충분하다.

28 화장실은 어디에?

청계천에는 화장실이 없다. 주말에는 몇 십만 명이 찾는 도심의 관광지이면서도 화장실이 없다는 것에 의문을 품을 수 밖에 없다. 청계천을 찾는 관람객들의 가장 큰 불만도 바로 화장실일 정도다. 청계천에 화장실이 없는 이유는 우선 폭이 평균 3m에 불과한 청계천 산책로에 화장실을 설치하기란 공간이 협소하다는 점이다. 더욱 큰 이유는 비가 많이 올 경우, 특히 여름철 장마철에 청계천 물이 산책로까지 차올랐을 때 화장실이 물 흐름을 방해할 뿐만 아니라 오수로 인해 청계천 물이 오염되는 것을 방지하기 위해서다. 때문에 화장실을 이용하기 위해서는 조금은 불편하지만 청계천 주변 대형 건물들의 화장실이나 상가의 화장실을 찾아야 한다. 때문에 관람객들은 인근 진입로로 올라가 도로를 건너야 하는 수고로움을 감수해야 한다.

청계천을 산책하다 보면 벽면을 따라 화장실 위치를 알려주는 표지판이 붙어 있다. 하지만 늦은 밤 시간이나 사람들이 많이 찾는 주말과 휴일에는 어느 정도 불편을 감수해야 한다. 최근에는 청계천 주변의 지방자치단체 주관으로 청계천 인근 도로변의 빈 공터에 무인화장실을 설치하고 있어 관람객들의 불편을 해소하고 있다.

29 기분좋은 귀금속 거리

청계천의 긴 물줄기를 따라 가다 보면 구역마다, 다리를 건널 때마다 색다른 볼거리와 즐길 거리가 푸짐하다. 그 중에서도 골목을 따라 길게 늘어서 있는 진열장에서 고급스러운 보석과 시계를 구경하는 것은 또 다른 즐거움이다.

종로 예지동과 종로4가에 걸쳐 조성된 귀금속 거리는 청계천 물이 흐르던 1960년대 말 사과 궤짝을 뒤집어 놓고 외제 중고시계를 팔던 때부터 그 역사가 시작되어 벌써 40년이 넘게 지켜 내려 온 오랜 전통을 가지고 있다. 이 귀금속 거리는 광장시장길 맞은편의 신한은행 옆 골목에서부터 종로4가 대로변까지 약 1,400여 개의 귀금속 상가들이 골목을 따라 대거 밀집해 있다.

귀금속 상가와 더불어 이곳에는 조형, 연마, 세공을 하는 금은 세공업소가 빼곡하게 들어서 있는데 한 평 남짓한 공장에서 섬세한 보석 장신구를 만들어내고 있다. 시계와 함께 팔고 있는 각종 보석들은 다른 보석상의 가격보다 일반적으로 30% 저렴한 편이라

신혼부부들을 비롯해 외국인들까지 찾는 이들이 많다. 좁다란 골목에서 작은 진열장을 놓고 제품을 판다고 해서 품질을 의심할 필요는 없다. 제품 구입시 품질 보증서를 발급해 줌은 물론 이상이 생겼을 경우 직접 애프터서비스를 받을 수 있다.

30 청계8경

청계천을 구경한 사람이라면 반드시 봐야 할 명소가 있다. 서울시는 청계천을 복원하면서 '청계8경'이라는 이야깃거리를 새로 만들어 놓고, 관람객들이 청계천의 아름다움을 마음껏 만끽할 수 있도록 했다.

청계8경은 청계천의 시점으로 상징성과 다양한 문화행사, 그리고 청계 미니어처, 팔석담 등이 있는 제1경의 청계광장, 세련된 문양과 다리 축성기법 등 조선 초기 문화를 엿볼 수 있는 제2경의 광통교, 정조대왕의 행렬을 도자벽화한

제3경 정조반차도, 위치적으로 청계천의 중심이 되며 다양한 문화 공간을 접할 수 있는 제4경 패턴천변, 과거 청계천에서 행해졌던 생활상을 재현한 제5경 빨래 터, 시민들이 자발적으로 참여하여 2만여 개의 소망을 담은 제6경 소망의 벽, 철거된 청계고가의 교각을 보존하고 화려한 조명과 어우러진 터널분수가 아름다운 제7경 하늘물터, 마지막으로 청계천 구간 중 가장 자연적이고 생태적인 공간인 제8경 버들습지로 구성되었다.

조선일보 창간 사옥 터

광교와 광통교 중간쯤에 세워진 표석에는 1920년 3월 2일 창간한 조선일보사 사옥 터를 알리는 글 귀가 새겨져 있다. 이곳이 당시에는 한옥들이 밀집되어 있었고, 대로변 상가 쪽으로는 유기전, 지물 포 등이 있었다고 한다. 조선일보 첫 사옥 역시 한옥이었는데, 사랑채는 편집국장실이었고, 각 방들은 취재 작업실, 또한 넓은 대청마루는 편집과 교정 작업실로 사용되었다. 당시에는 한복을 입은 기자들이 한지 등에 기사를 썼다고 한다.

清溪川

part 4
재래시장의 메카
- 청계4가

청계4가의 청계천은 시장통의 거리다. 역사 깊은 방산시장과 광장시장이 청계천을 따라 길게
자리잡고 있고 우리나라 산업화 주역이었던 전자산업의 메카 세운상가도 지난날의 화려했던
시절을 자랑이라도 하는 듯 우뚝 서 있다.

31 밤과 낮의 모습이 다른 세운교

복원된 청계천은 누가 보아도 맑은 물이 흐른다. 예전부터 오죽 맑았으면 이름까지 청계천이라 불렀을까? 그 맑은 물을 따라 하류 쪽으로 천천히 산책하다 보면 하늘 높이 치솟는 분수를 만난다. 이곳이 바로 세운상가 주변의 청계천변이다. 미끈미끈한 빌딩들이 들어선 청계광장과는 사뭇 다른 풍경들이 펼쳐지고 있다. 물줄기를 따라 상가와 시장이 길게 들어서 있기 때문이다. 산책로에도 물건을 사러 나온 사람들이 많다. 도심 쪽의 청계천 다리가 관광 목적으로 찾는 사람들이 많은 데 비해 세운상가 주변의 다리는 바쁘게 생활하는 서민들을 위한 생활 터전의 길목이다.

　　세운교는 전자상가의 메카였던 세운상가에서 이름을 따 왔으며, 주변 조명상가의 특성을 살려 빛을 표현한 형태로 아름답게 설계되었다. 밤의 세운교는 은은하고 감미로우며, 일대의 조명 상가에서 밝혀 놓은 불빛과 어우러져 빛의 잔

치를 벌이는 듯하다. 세운교는 이곳이 다리인가 싶을 정도로 교량의 폭이 넓으며, 길게 뻗어 있는 하얀 물줄기의 청계천은 마치 그림과 같다. 세운교 다리 주변 청계4가 일대의 청계천은 밤이 되어도 대낮처럼 밝고 화려하다.

32 대낮에도 넘기 두려웠던 배오개다리

배오개다리의 이름에 얽힌 두 가지 이야기가 전해 내려온다. 옛날에 험한 고개가 있었는데 입구에는 배나무가 많이 심겨져 있었다고 한다. 사람들은 배나무에서 그 이름을 따와 고개이름을 배나무고개라고 불렀으며, 세월이 흘러가면서 배오개가 되었다.

두 번째는 이 고개는 숲이 울창해 산적들과 들짐승들 때문에 대낮에도 고개를 넘기가 무서웠다고 한다. 길손 백 명이 모여야 겨우 넘을 정도로 고개가 험했다고 하며, 이러한 이유로 백고개 혹은

백재라고 불렀다. 이 백고개가 세월이 가면서 배고개로 변했고 다시 오늘날의 배오개로 부르게 되었다는 얘기다.

새로 복원된 배오개다리는 폭이 25.8m, 길이는 23.5m이며, 다리의 형태는 예전 배오길을 넘던 사람들의 만남을 주제로 형상화했다.

33 보행자 전용의 새벽다리

방산시장 앞의 새벽다리는 마치 천막을 길게 드리운 재래시장을 연상시키는 모습이다. 다리의 폭 9.8m, 길이 23.5m로 다른 곳과는 달리 보행자 전용 다리다.

조선시대 한양에서 가장 큰 시전은 육의전이었는데, 이에 못지않게 큰 종합시장이 바로 새벽다리 주변의 동대문시장이다. 새벽다리 아래 놓여진 징검다리는 고향의 냇가를 연상시키며, 옛 향수를 추억하려는 듯 중장년층들이 즐겨 건너다니기도 한다.

34 도심 열섬을 식혀주는 냉각수

서울 도심 한가운데를 흐르고 있는 청계천은 도심의 열섬을 식혀주는 냉각수 역할을 하고 있다. 지난 47년간 콘크리트 바닥 속에 감추어졌던 청계천에 물이 흐르게 되면서 서울 도심의 온도가 내려갔고 공기가 맑아졌다고 한다. 청계천이 차량과 빌딩 숲에서 뿜어 나오는 뜨거운 열기를 식혀주고 또한 혼탁한 공기를 정화시켜 주는 공기청정기 역할도 톡톡히 하고 있다.

실제로 청계천은 서울 도심 온도를 평균 2~3도 떨어뜨리는 효과가 있다고 분석되고 있다. 청계천 주변 기온을 서울 평균 기온으로 나눈 열섬지수도 청계 고가도로 철거 전인 2003년 1.59에서 청계천이 복원되면서 1.12까지 떨어졌

다고 한다. 그 이유는 청계천에 흐르는 물이 주변 기온을 낮추는 동시에 청계천 자체가 도심 한가운데 바람 통로 역할을 하고 있기 때문이라는 분석이다. 실제로 서울시의 간이 측정 결과에 따르면 고가도로 철거 전에 비해 철거 후에 청계천 주변의 풍속이 빨라진 것으로 측정되었다.

35 추억의 세운상가

● 1967년에 건축된 세운상가

세운상가 하면 일찍이 전자상가로서의 명성도 명성이지만, 가장 먼저 떠오르는 것이 '빨간책'들의 추억일 것이다. 1980년대까지만 해도 세운상가 육교를 지나갈 때면 속칭 '빨간책'이라 불리던 도색 잡지들과 비디오테이프를 판매하려는 상인들로 가득했었다. 이러한 추억이 깃든 세운상가는 광복과 한국전쟁을 거치면서 이재민 판잣집들이 무분별하게 들어섰던 곳이었다.

1960년대에 들어와 무허가 건물들을 철거하고 이곳을 정리하게 되면서 지금의 세운상가가 들어서게 되었다. 어쨌거나 이 세운상가는 당시 국내 최고의 전자제품의 생산과 공급 메카로 위용을 떨쳤다. "세운상가 상인 셋이 모이면 미사

일도 만들 수 있다"는 말이 나올 정도였다. 그러나 세운상가도 1990년대부터 용산을 비롯해 여기저기 조성된 현대식 대단지의 전자상가에 밀려 크게 위축되었다. 그 당시의 전자제품 메카로서의 화려함은 사라졌지만 아직까지 3천여 개 점포가 남아 명맥을 이어가고 있다. 그러나 이마저도 얼마 후에는 철거될 전망이다. 세운상가와 대림상가를 철거한 뒤 청계천과 어우러진 도심 환경을 만드는 재개발 계획이 추진되고 있기 때문이다.

36 우리나라 최초의 상설시장

1905년에 상설시장으로는 우리 나라에서 처음으로 만들어진 유서 깊은 재래시장이다. 배오개다리와 새벽다리 사이에 자리잡고 있는 광장시장은 처음에는 농수산물 위주의 시장이었지만 한국전쟁을 거치면서 구호물자와 부대에서 흘러나오는 물품들을 팔

기 시작하면서 시장 규모가 커졌다. 시장 1층에는 주로 농수산물과 건과류, 그리고 침구, 커튼 등 다양한 물품을 파는 가게가 골목골목 들어서 있고, 2층으로 올라가면 한복주단과 의류원단, 양장지 등의 직물들을 팔고 있다. 그러나 광장시장 하면 가장 먼저 떠오르는 것이 구제옷 전문시장이라는 점이다. 우리나라에서 거래되고 있는 구제옷의 80%가 이곳에서 유통되고 있다고 한다.

　　50여 년의 역사를 간직한 구제옷 상가는 70여 개의 점포가 밀집해 있으며 미국, 일본, 영국, 프랑스 등지에서 들여온 입던 옷이지만 겉보기에는 새 옷과

진배없다. 청계천이 복원되면서 깨끗하게 상가를 단장했기 때문에 시장을 찾는 손님들도 크게 증가했다고 한다. 그러나 수십 개의 건물로 이루어진 대규모 시장이라 한번 들어가면 길 찾는 것이 결코 쉽지 않다. 수십 개의 건물이 모두 연결되어 있기 때문에 빙글빙글 돌며 헤매기 일쑤여서 조심해야 한다. 영업시간은 새벽 7시부터 오후 7시까지이며, 매주 일요일은 쉰다.

37 광장시장 먹자골목

청계천이 새롭게 복원되면서 이곳만큼 많은 이들로부터 회자되는 곳은 없을 것이다. 저렴하면서도 원하는 메뉴를 맘껏 골라 먹을 수 있는 곳, 한번 음식 맛을 보면 연신 감탄사를 연발하게 되는 곳, 바로 광장시장 먹자골목이다.

청계천을 구경나온 손님들이 가장 많이 찾고 있는 먹을거리 골목이며, 없는 메뉴가 없는 명소로 소문난 곳이다. 게다가 찾기도 쉽다. 마전교를 빠져나와 종로 쪽으로 들어서면 바로 먹자골목이다. 시장 안으로 들어서면 마치 포장마차를 붙여 놓은 것과 같은 점포들이 길을 따라 즐비하게 자리잡고 있고 각

점포 테이블 위에는 족발, 빈대떡, 순대, 김밥 등 먹음직스런 음식들이 가득 올려져 있다. 아침 7시부터 새벽 2시까지 300여 미터의 골목에는 사람들의 발길이 끊이지 않는다. 광장시장을 가로질러 길게 나 있는 좌판만 세어도 족히 200개가 넘는다. 이곳에서는 비빔밥을 2천원, 냉면은 3천원이면 거뜬하게 먹을 수 있다.

38 고소한 생선구이 골목

청계천 나래교나 버들다리를 건너 종로 쪽으로 건너가면 생선 굽는 냄새가 입맛을 다시게 한다. 고소한 냄새를 따라 골목 안으로 들어서면 허름하면서도 정겨운 삶의 풍경까지 고스란히 엿볼 수 있어 마치 고향집을 찾은 듯이 정겹다.

백열등 아래 여기저기서 뿌연 연기를 내며 지글지글 구워지는 생선을 보면 식욕이 절로 돈다. 점포 밖 좁다란 골목길을 따라 밖에서 굴비, 꽁치, 삼치, 자반 등 갖은 생선을 구워 내는 것이 이색적이다.

연탄불에 넓은 철사로 만든 석쇠를 이용해서 생선을 굽고 있는데, 겉이 살짝 검게 탄 생선은 보기만 해도 먹음직스럽다. 생선은 종류에 따라 5천원부터 7천원까지 저렴하고, 생선구이를 주문하면 따라오는 밑반찬도 푸짐하다. 어린 시절 연탄불에 구워 먹던 그 맛을 그대로 즐길 수 있어 아련한 옛 추억까지 떠올리게 한다.

39 청계천의 구조물은 어떻게 철거했을까?

청계천 복원을 하면서 철거된 구조물은 청계고가 5㎞와 삼일고가도로 871m, 복개물 5.4㎞다. 이 철거 작업은 각각 3개의 공구로 나누어 동시에 철거가 이루어져 고가부는 4개월, 복개부는 3개월 등 대략 7개월의 철거기간을 거쳐 청계천 바닥이 드러났다. 철거 과정에서 아스팔트 6만 7천여 톤, 콘크리트 53만 7천여 톤, 철근 등 금속 3만 6천여 톤이 발생했다. 도심에 있는 공사장의 특성에 따라 철거로 인한 소음, 진동, 분진, 교통문제 등으로 세심한 주의와 최첨단 장비가 동원되었다.

철거 방법은 크게 두 가지로, 고가도로와 교각은 다이아몬드 톱으로 절단해 크레인으로 트럭에 실어 중간 처리장으로 이동, 파쇄하고 복개물은 유압분쇄기로 현장에서 부숴 철거 운반하는 방법으로 추진되었다. 특히 고가 상판에는 원형 다이아몬드 톱이 사용되었고, 철근이 많이 들어 있고 부피가 큰 교각 부분은 다이아몬드 줄톱을 이용해 적당한 크기로 절단했다. 절단시 발생하는 많은 열과 먼지를 냉각수 공급으로 피해를 최소화했으며 소음을 줄이기 위해서 절단부에 방음벽을 설치해 소음도를 낮추었다. 단단한 콘크리트 구조물은 차량 운반이 쉽도록 적당한 크기로 마치 두부모처럼 잘라졌는데, 잘라진 구조물이 주로 야간에 옮겨졌기 때문에 일반 시민은 이 과정을 쉽게 접하기 어려웠다.

40 기계공구 전문상가

서울 도심 한가운데 맑은 물이 흐 르 청계천을 모두가 환영하고 있 지만 한편으로 표정이 굳어 있는 사람들이 있다. 바로 청계3가부터 9가에 이르기까지 청계천을 따라 길게 형성되어 있는 기계공구 상 가 상인들이다. 이 상가들은 청계

천 물줄기와 가장 가깝게 자리잡고 있어 많은 사람들이 찾을 거라 생각하겠지만 실상은 그렇지 못하다. 얼마 전까지만 해도 청계천의 공구 상가들은 미사일과 탱크도 만들 수 있다는 소문이 나돌 정도로 활기가 넘쳤었다. 그러나 청계천이 복원된 이후로 이곳 상인들은 말이 없어지고 근심들로 가득하다. 식당이나 재래 시장 등 대부분의 청계천 주변 상가들이 복원 전과는 비교가 안 될 정도로 많은 호황을 누리고 있음에도 상인들이 불만을 터뜨리는 것은 상가 앞으로 차량 진입 이 어려워졌기 때문이다. 비교적 무거운 공구나 기계장비를 취급하기 때문에 차 량을 이용해야 하지만 청계천 복원에 따라 차선이 줄어들고 더군다나 상가 앞은 주차하기조차 힘들어졌다. 무려 8천여 개나 되는 많은 가게들이 전문상가를 이 루어 그 동안 호황을 누렸지만 청계천이 복원되면서 많은 가게들이 시흥이나 구 로 공구상가 등으로 빠져나갔다. 그러나 아직까지도 국내 최대를 자랑하는 기계 공구 상가로 명성을 날리고 있다.

part 5

清溪川

장년층의 거리
– 청계5가

청계천을 말할 때 함께 등장하는 곳이 평화시장이다. 청계5가 구간에는 평화시장과 함께 그의
일생을 바친 전태일 흉상과 전태일 거리가 조성되어 있다. 도심 쪽 청계천이 젊은이들이 즐겨
찾는 구간이라면 이곳 청계5가 주변의 거리는 장년층이 주도하고 있는 장년층의 거리다.

41 이색적인 조화로움, 마전교

청계천에 놓여진 많은 다리들이 밝은 색 계통인 반면에 마전교는 조금은 어두운 적색 계통이다. 말 조각이 새겨져 있는 벽돌색 다리를 건너노라면 마치 과거 속으로 들어가는 듯한 묘한 분위기를 느낄 수 있다. 원래 마전교는

청계5가 네거리 동쪽 방산시장 앞에 있었던 것으로 추정되며 처음에는 태평교, 마정교, 마군생교 등으로도 불렸었다. 오늘날 마전교라는 이름으로 갖게 된 것은 다리 부근에 말과 소를 사고파는 시장이 있었기 때문이다.

　　새롭게 복원된 마전교는 빛의 마을과 우마시장을 상징화했고, 전통 문살

모양의 조명과 청동 말상이 적절하게 배치되어 있다. 다리의 규모는 폭이 40.5m, 길이는 21.6m로 마전교 다리를 넘으면 북쪽으로는 대학로, 혜화동 길과 연결되어 있고 남쪽으로는 훈련원로와 연결된다. 여기서 훈련원로를 따라 남쪽으로 가면 장충단공원을 거쳐 남산과 연결된다.

42 옥처럼 물이 샘솟는 옥류천

옥류천은 조선시대 임금과 신하들이 풍류를 즐기던 유서 깊은 곳이다. 이름 그대로 옥과 같은 맑은 물이 흘러 청계천으로 유입되던 옥류천이 청계천 시오리길의 중간쯤인 동대문시장 부근 마전교 아래 복원되었다. 창덕궁 후원 북쪽 깊숙한 곳에 흐르던 개울인 원래 옥류천의 이미지를 형상화해 높이 2.5m, 폭 1m 규모로 조성되었다. 창덕궁 옥류천은 인

조 14년인 1636년에 후원에서 가장 아름다운 경치를 간직하고 있는 곳에 커다란 바위를 깎아 둥근 홈을 만들고 맑은 물이 바위 둘레를 돌아 마치 폭포처럼 떨어지게 만들었다. 바위를 중심으로 임금과 신하들이 둘러앉아 흐르는 물에 술잔을 띄우고 시를 지어 풍류를 즐겼다고 한다. 특히 인조는 바위 위에 옥류천이라고 친히 어필로 기록했으며, 숙종은 바위에 오언절구시를 남기기까지 했다.

43 평화시장 앞의 나래교

평화시장을 비롯하여 대형 재래시장이 모여 있는 청계5, 6가는 우리나라 최대의 의류상권을 형성하고 있다. 청계천 강물을 중심으로 남쪽으로는 평화시장과 방산시장이, 북쪽인 종로통으로는 광장시장과 동대문시장이 길게 자리잡고 있는데, 이 두 블록을 연결해 주는 다리가 바로 나래교다. 나비의 날개짓을 테마로 다리를 설계한 것은 동대문 의류상권이 세계 패션 1번지로 비상하는 의미가 담겨 있다. 3차원 아치와 케이블로 만들어진 다리의 폭은 6.0m, 길이 22.9m다.

　　청계천 주변의 많은 시장 중에서도 청계천을 말할 때에는 언

제나 평화시장이 함께한다. 청계천이 있음으로써 평화시장이 존재할 수 있었기 때문이다. 평화시장 바로 앞에 놓여져 있는 보행자 전용의 나래교는 다리 한가운데가 강화유리로 만들어져 다리에서도 청계천 물 흐름을 내려다볼 수 있다.

44 도심 속의 쉼터, 버들다리

청계천에 놓여진 22개나 되는 많은 다리들은 제각각 특별한 뜻이 담긴 이름을 가지고 있지만 그중 버들다리는 예쁜 이름을 자랑한다. 과거 오간수문 상류에 왕버들이 많이 서식하고 있어서 다리 이름도 버들이라고 했다. 여러 개의 파고라가 설치되어 있는 버들다리는 바삐 움직임을 멈추고 잠시 쉬어갈 수 있는 쉼터처럼 꾸며져 있다. 다리의 폭은 17m, 길이는 23.3m에 이른다.

이 버들다리는 청계천을 말할 때 빼놓을 수 없는 전태일 열사를 기리기 위해 전태일 다리라는 이름이 함께 명명되었다.

버들다리 주변은 문화의 향기도 가득하다. 청계천 옹벽에는 미술작품이 벽화로 전시되어 있고, 화려한 물줄기의 분수, 그리고 청계천 물줄기 바로 옆의 열린 패션광장이 모여 수변 무대를 만들어내고 있다.

45 아름다운 청년, 전태일 거리

청계천 오간수교에서 나래교 사이의 1.4km 구간이 전태일 거리다. 1970년 11월 13일 전태일 열사는 "근로기준법을 지켜라, 우리는 기계가 아니다"라고 외치며 이 거리에서 분신자살했다. "나는 돌아가야 한다. 평화시장의 어린 동심 곁으로"라는 전태일 열사의 목소리가 그대로 들리는 듯하다. 이를 기념하기 위해 전태일 열사를 추모하는 글이 담긴 4천여 개의 동판 블록을 바닥에 깐 기념거리가 조성되어 있다. 동판에 적힌 글 하나하나를 읽어 보노라면 가슴이 찡함을 느낄 수 있다. "타오르는 횃불 되어 우리 가슴에 영원히" "당신은 죽지 않고 우리 삶으로 들어와 주었습니다." "청년 전태일, 아름다운 그대를 영원히 사랑하리" 이러한 글귀가 새겨진 추모동판은 노무현 대통령과 김대중, 김영삼 두 전직 대통령을 포함한 시민 1만 5천여 명이 참여하여 만들었다. 그의 흉상은 평화시장을 바라보면서 버들다리 한가운데에 서 있다.

46 천혜의 명당으로 손꼽히던 청계천

청계천은 예로부터 명당으로 소문난 곳이다. 한강이 서울의 중심부를 크게 밖으로 휘감는 외당수라고 한다면 청계천은 서울의 도심부를 가로지르는 내당수격인 강이다. 우리나라 대부분의 하천은 동에서 서로 흐르고 있다. 한강도 동쪽에서 서쪽으로 흐르지만, 청계천은 서에서 동으로 거꾸로 흐르는 소위 역수에 해당된다. 풍수지리학적으로 청계천처럼 내당수이며 역수인 하천을 예로부터 명당수라고 말한다.

뿐만 아니라 청계천은 사방으로 명산이 감싸 안고 있다. 청계천의 왼쪽으로는 낙산이 우뚝 서 있고 오른쪽으로는 인왕산, 그리고 남쪽으로는 남산과 관악산이, 북쪽으로는 북악산과 삼각산이 감싸고 있다. 즉, 이 산들은 좌청룡, 우백호, 남주작, 북현무의 형태가 되어 역시 명당의 표본이 되고 있다. 때문에 조선시대부터 청계천은 조정에서 관리했고, 청계천을 관리하는 별도의 관직을 둘 정도로 조정의 중심부에 있었다.

47 혼수 전문 동대문종합시장

동대문종합시장은 한국의 대표적인 시장으로 1970년 12월 '동양 최대 규모'의 단일시장으로 출범했다. 이곳은 우리나라에 전차가 도입되면서 전차 차고가 들어섰던 자리였다. 그러나 서울에서 전차가 사라지고 1970년 도시재개발사업으로 지금의 종합상가 건물이 들어서게 되었으며, 1985년에는 종로 쪽으로 동대문 쇼핑센터가 새로 건립되었다.

동대문종합시장이 처음 설립되었을 때에는 지금의 주차장 자리에 고속

버스터미널이 자리하고 있었다. 이곳은 제3한강교에서 장충단공원을 거쳐 직선 코스로 도심에 진입할 수 있는 좋은 입지조건을 갖추고 있었으나 1977년 강남에 고속버스터미널이 건립되면서 그곳으로 이전되었다. 1985년 12월 문을 연 동대문쇼핑타운은 모두 5개동으로 이루어져 있으며, 전체 규모가 대지 5천여 평, 건평 2만 4천여 평에 이른다. 원단, 의류부자재, 액세서리, 혼수용품을 전문으로 취급하는 5천여 개의 상가가 밀집해 있는데 특히 원단, 의류부자재 시장은 국내외 최신 제품을 실시간으로 공급하는 곳으로 정평이 나 있다. 아침 7시부터 저녁 7시까지 문을 열며, 매주 일요일은 쉰다.

48 청계천에는 징검다리가 많다

청계천을 찾으면 어릴 적 동심의 세계로 돌아가게 된다. 향수를 불러일으키기에 부족함이 없는 징검다리도 그 중의 하나다. 큼지막한 돌을 이용하여 듬성듬성 놓여져 있는 이 징검다리는 시골 정취 그대로다. 지나는 사람들은 그곳으로 내려가 숨을 크게 쉰다. 남녀노소가 따로 없다. 아이들은 조심스럽게 걸음을 옮기며 다리를 건

넌다. 젊은 연인들은 가위, 바위, 보를 하면서 깡충깡충 건넌다. 어른들은 어릴 적 추억을 떠올리며 감회어린 표정으로 그 징검다리를 건넌다. 징검다리로 냇가를 건널 수 있고, 풀숲에서 풀벌레를 잡을 수 있는 그런 냇가가 서울 도심 한가운데 있다는 것이 아이들에게, 연인들에게, 어른들에게 새로운 의미로 다가왔다. 청계천 곳곳에 있는 징검다리는 재료는 물론 크기까지 달리해서 놓여져 있다.

49 인테리어 전문상가로 변신한 방산시장

청계천이 복원되면서 재래시장 가운데 새롭게 인식되고 있는 곳이 방산시장이다. 복원되기 이전까지만 해도 방산시장은 주변 상가와는 차이가 날 정도로 낙후된 상태였다. 원래 인쇄와 포장, 스티커, 재봉틀 등을 판매하는 전문상가였지만 청계천 복원과 더불어 최근에는 인테리어 전문상가로 자리매김하고 있다.

　　　　집안의 인테리어 개조는 물론 불편한 곳을 고치거나 아예 집안 분위기를 바꾸려는 사람들이 찾는 시장으로 변모한 방산시장은 조명이나 타일, 벽지 같은

인테리어 자재가 골고루 잘 갖추어져 있어 주부들이 선호하는 인테리어 자재 전문시장으로 변신에 성공했다. 도배, 바닥재, 시트지, 카펫 등 다양한 홈 인테리어 물품들이 전시되어 있어 물건을 사는 사람뿐만 아니라 구경하는 사람들도 많다. 더욱이 인기 TV드라마 '내 이름은 김삼순' 방영 이후 방산시장은 다시 한번 주목을 받았다. 직접 빵과 과자를 만들어 보려고 하는 사람들이 제과, 제빵 용품 가게들이 들어서 있는 방산시장을 찾았기 때문이다. 이런 가게들은 주로 방산시장 A동 근처에 형성되어 있다.

50 종로5가 약국 거리

서울에서 종로만큼 다양한 모습이 공존하는 거리가 또 있을까? 종로1가에서 종로2가까지는 각종 상가와 음식점들이 즐비하고, 종로2가와 종로3가에 걸쳐서는 액세서리 도매상가가 눈길을 끈다. 여기까지는 젊은이들이 주류를 이루고 있는 반면에 종로5가에 이르면 또 다른 거리 모습이 눈길을 끈다. 대로변을 따라 늘어선 대형 약국마다 하얀 가운을 입은 약사들로 가득한 약국 거리이다.

1957년 10월 현재 자리에서 처음 문을 연 보령약국을 비롯하여 백제약국, 한성약국 등 50여 개 이상의 대형 약국들이 줄지어 서 있어 국내 최대의 약국거리를 형성하고 있다. 약국거리 앞의 인도는 각종 화초와 묘목을 파는 거리의 종묘상들이 가득 메워 활기가 넘치는 것도 종로5가의 매력이다.

淸溪川

part 6

패션의 거리
– 청계6가

청계6가의 청계천은 문화가 있는 패션광장이다. 지리적으로 청계천의 중심점인 이 구간에는 수변무대와 문화광장 등 다양한 문화시설이 있고 두타 등 대형 쇼핑몰이 밀집해 있어 패션의 거리라는 명성을 이어가고 있다.

51 성곽 모양의 오간수교

오간수교가 위치하고 있는 청계천의 한가운데에는 낮과 밤이 따로 없다. 국내 최대를 자랑하는 현대식 의류 쇼핑 타운이 자리잡고 있어 이 일대는 24시간 사람들로 가득하다. 상가뿐만 아니라 늘 사람이 몰리는 곳이기에 볼거리와 먹을거리, 즐길거리도 푸짐하다.

원래 오간수교는 흥인지문 옆으로 나 있는 성벽의 수문이며, 모두 다섯 칸으로 되었다 하여 '오간수다리' 또는 '오간수문'이라고 했다. 한양에 성곽을 쌓으면서 청계천 물이 원활하게 흘러갈 수 있도록 아치형으로 된 다섯 개의 구멍을 만들고, 그 위로 성곽을 쌓아 올렸으며, 아치 모양의 구멍을 서로 연결해 성벽 안쪽으로 장래석을 연결, 다리를 놓았다.

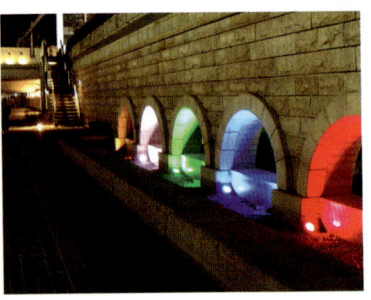

원래 물길이 잘 빠져가기 위해 가설한 것이지만 조선시대에는 도성 안에서 죄를 지은 자가 이 수문을 통해 도성을 빠져 나가거나 혹은 밤에 몰래 수문을 통해 도성 안으로 잠입하는 사람들의 통로로 곧잘 이용되기도 했다. 조선 명종 때 임꺽정의 무리도 도성에 들어와 옥

에 갇힌 가족들을 구출한 뒤 이 오간수문을 통해 탈출했다고 한다. 그러나 이 다리는 1907년 일제가 청계천 물이 잘 흘러가도록 한다며 헐어버렸는데 청계천 복원과 더불어 새롭게 복원되었다. 옛 성곽 모양의 오간수교는 폭이 59.9m, 길이가 23m다.

52 이순신 장군이 말을 타던 훈련원 공원

청계천 오간수교 남쪽에는 조선시대 훈련원이 있던 자리에 조성한 훈련원 공원이 있다. 훈련원은 조선태조 원년에 이곳에 설치되어 병사들이 무술훈련 및 병서, 전투대형 등의 교육을 받던 곳이며, 처음에는 훈련관으로 불렀다. 태종 때

에는 무과시험을 보는 대청인 시청을 지었으며, 세종 때 훈련원으로 고쳤다. 충무공 이순신 장군이 이곳에서 실시된 별과시험에서 말을 타다가 낙마해 왼쪽 다리에 골절상을 입었다는 일화로 유명해진 곳이기도 하다.

이외에도 중종반정 때 박원종 등이 이곳 훈련원에서 병사들을 모아 연산군을 폐하고 중종을 옹립한 역사의 현장으로도 기억되고 있다. 그러나 1907년 8월에 맺어진 한일신협약에 의해 훈련원에서 군대가 해산됨에 따라 강제로 폐지되었다. 이후 훈련원 터는 경성사범학교, 서울대 사범대, 그리고 서울대 부속 초·중·고등학교를 거쳐 헌법재판소로 사용되다가 지난 1997년 4월에 지하 주차장과 휴식시설을 갖춘 공원으로 조성되었다. 주말이면 인라인 스케이트와 익스트림 스포츠를 즐기려는 젊은이들로 북적거린다.

53 문화의 벽

새롭게 복원된 청계천에는 많은 문
화 예술품들이 볼거리를 제공하고
있다. 작품들은 대부분 자연과 환경
을 주제로 한 것들이다. 이중에서 가
장 대표적인 것이 버들다리와 오간
수교 사이의 청계천 옹벽에 있는 문
화의 벽이다.

이 문화의 벽에 걸려 있는 작품들은 작품이 가로 10m, 세로 2.5m나 되
는 큰 그림으로 지나는 이들의 시선을 한몸에 받는다. 자연과 환경을 주제로 한
5점의 벽화가 걸려 있는데 그중 서울대 전갑배 교수의 '서울의 노래'는 청계천의
맑은 물 속에서 물고기, 자라, 개구리 등과 함께하는 천진난만한 아이들의 모습
을 주제로 하고 있다. 배진환의 '시각의 미로'는 청계천 지역의 과거와 미래, 주

변 환경 등을 고려해 미로를 찾아가는 호기심과 생각의 즐거움을 표현하고 있다. 또한 장수홍의 '별'은 덮여 있던 청계천이 열리고 그 맑은 물에 비치는 별을 그리고 있으며, 백명진의 '기억의 저편'은 청계천 기억의 저편에서 볼 수 있는 이미지를 토대로 미래 문명의 저편을 상상해볼 수 있는 작품이다.

이밖에도 생동과 율동을 주제로, 새로운 미래로 생성을 표현한 강석영의 '생성-빛'과 우리 마음속에 이어져 내려오는 전통문화이며 한국의 빛깔, 숨결, 영혼을 상징하는 색동을 담은 작품들이 시원한 물줄기를 뿜어내는 하천 분수와 자그마한 문화 공간인 수변무대와 어우러져 패션광장을 이루고 있다.

54 청계 패션광장

버들다리와 오간수교 구간은 청계광장에 버금갈 정도로 찾는 이들이 많다. 이곳은 청계천이 복원되기 이전부터 주변에 대형 의류 타운이 조성되어 있어 남녀노소 구분 없이 즐겨 찾는 명소이기 때문이다. 명성에 걸맞게 이곳에는 새로운 문

화 공간, 패션광장이 조성되어 있다.

　　패션광장은 색동 벽과 문화의 벽, 그리고 하천분수와 수변무대로 꾸며져 하나의 광장을 이루고 있다. 인간과 자연의 조화를 주제로 제작된 대형 그림 5개로 꾸며진 문화의 벽과 그 건너편에는 수변무대가 있다. 젊음이 약동하는 수변무대에는 시원스럽게 하늘 높이 물줄기를 뿜어 올리고 있는 분수가 있어 이 일대를 청계 8경중의 하나인 '패턴천변'이라 부르기도 한다.

55 청계천 역사와 함께하는 평화시장

평화시장은 청계천을 얘기할 때 빼놓을 수 없는 이름으로 한국전쟁 때 피난 온 실향민들이 청계천 물가 옆에 하나둘 모여들면서 만들어지기 시작했다. 실향민들은 허름한 천막에 재봉틀 한두 대를 놓고 옷을 만들어 팔았으며, 군에서 나온 군복을 염색하고 탈색해서 팔았다.

　　천막에서 다시 판자촌으로 출발한 평화시장은 하나둘씩 노점상들이 대거 몰려들면서 본격적인 평화시장 상권이 형성되었다. 그러나 이 대규모 판자촌은 1958년 큰 화재로 대부분 사라졌고 1962년에 오늘과 같은 평화시장 건물이 들어서게 되었다. 당시만 하더라도 평화시장은 국내 최대의 의류시장이었다. 현재에도 이곳에는 2천여 개가 넘는 점포가 있으며 단추, 지퍼 등 의류와 관련된 가게들도 함께 모여서 거대 상권을 형성하고 있다.

평화시장은 청계천6가부터 8가까지 도로변을 따라 차례로 신평화시장, 동평화시장, 청평화시장 순으로 들어서 있고, 동대문운동장 쪽에 있는 흥인시장, 덕운시장, 광희시장, 제일평화시장, 광희플라자, 아트플라자도 모두 평화시장에 속한다고 할 수 있다.

56 헌책방 거리

중장년층이라면 학창시절 청계천 헌책방 거리를 한 번쯤 찾아갔을 것이다. 6, 70년대 살기 어려웠던 시절에 이곳에 들러 책 구경도 하고, 중고 참고서도 샀던 헌책방 거리가 아직까지도 청계천변에 남아 있다. 청계천이 복원되기 이전인 불과 몇 년 전까지

만 해도 헌책방은 청계천 고가도로를 따라 길게 형성된 청계천의 명물이었다.

그러나 지금은 청계천 산책로에서 빠져나와 평화시장 앞길을 걷다보면 나래교가 보이는 지점부터 헌책방이 하나둘씩 보이기 시작한다. 예나 지금이나 고작 두 평 남짓 되는 자그마한 공간의 점포들이 대부분인데, 소설, 전집, 오래된 잡지, 대학 교재 등이 가득 차 있는 헌책방에서 서적 도매상까지 다양한 서점들이 늘어서 있다. 지금은 많이 없어졌지만 전성기 때는 100여 개가 넘었고, 현대식 서점과는 비교될 수 없을 만큼 작은 규모지만 다양하고 많은 책들을 보유하고 있다. 길가에까지 높이 쌓여 있는 책들이 겉으로 보기는 다 비슷비슷해 보이지만 기독교, 유아, 학습, 외국서적 등 나름대로 각기 전문성도 가지고 있다는 것이 이 거리의 특징이다.

57 패션 1번지, 대형 패션몰

동대문운동장 주변으로 젊은이들이 다시 모여든 것은 대형 쇼핑몰이 차례로 건립되면서부터다. 오래된 재래시장인 평화시장을 끼고 돌면 하늘 높이 두산타워 빌딩이 눈에 들어오고, 그 옆으로 밀리오레와 헬로에이피엠이 이마를 맞대고 있다. 먼저 청계천 쪽으로 우뚝 서 있는 두산타워는 보통 두타라고 부른다. 젊은이들이 즐겨 찾는 젊음의 명소로 지하 2층 수입 잡화로부터 7층 혼수품에 이르기까지 점포 수가 2천여 개나 되는 대형 쇼핑몰이다. 밀리오레는 동대문에서 가장 번잡하면서도 활기찬 젊음을 느낄 수 있는 쇼핑몰로서 밤낮 구별 없이 학생들의 발걸음이 끊이지 않는다. 그 뒤로는 프레야타운이라 부르던 청대문이 있다.

　　이렇듯 각종 대형 패션시장이 즐비하게 자리잡고 있는 동대문운동장 주변 일대는 언제나 사람들로 북적인다. 대부분 젊은이들이기 때문에 이 거리는 명동과 강남역에 버금갈 정도로 젊음의 거리를 만들어내고 있다. 이 일대는 젊음을 발산하고 데이트를 즐기기 위한 명소로 소문이 자자하다. 그들은 옷을 사든, 아니면 옷을 사러 간다는 핑계를 들어 이곳을 찾아온다. 때문에 이곳은 볼거리와 먹을거리, 그리고 청춘의 활력이 넘쳐 연일 불야성을 이루고 있다. 지하철 2호선이나 4호선 동대문운동장역에서 내려 그냥 사람들이 많이 가는 방향만 따라 함께 휩싸여 가면 손쉽게 찾을 수 있다.

58 보물 제1호, 흥인지문

흥인지문은 예나 지금이나 서울시민들의 가장 많은 사랑을 받아 온 성곽이다. 우리가 동대문이라 부르는 흥인지문은 보물 제1호로 조선 태조 때 건립되었고, 서울 도성에 딸린 8문 중의 하나였으며, 한양의 정동 쪽에 위치하고 있는 성문이다. 흥인지문은 조선 태조 7년인 1398년에 세워졌으나 단종 원년에 다시 고쳐 지

었고, 지금 있는 문은 고종 6년인 1869년에 새로 지은 것이다.

　　　흥인지문은 먼저 화강암으로 홍예문을 만들고 그 위에 중층의 문루를 세웠으며 문밖으로는 반달 모양의 옹성을 둘리고 있는 형태다. 다른 성문과 차별되는 점은 바로 옹성이 남아 있다는 점이다. 문밖에서 성문을 둘러싸고 있는 옹성은 작은 또 하나의 성으로서 적을 방어하고 지키기 편리하게 만들었다고 한다.

59 우리 모두가 청계천 지킴이

청계천은 복원 못지않게 사후 관리가 중요하다. 사시사철 많은 사람들이 찾는 까닭에 청결을 유지하는 것이 관건이다. 또한 노점상과 노숙자도 효율적으로 단속해야 하고, 비가 오는 날에는 안전상 청계천 산책로 출입자를 통제해야 한다. 이러한 청계천 관리는 서울시시설관리공단 청계천관리센터에서 맡고 있다.

　　　서울시에서는 청계천의 효율적인 관리를 위해 관련 조례를 제정하여 시

행하고 있다. 이 조례에 따르면 청계천 5.84㎞에서는 물고기를 잡을 수 없고 물에 들어가서 목욕하는 것을 금지하고 있다. 또한 음주, 소란행위, 쓰레기 버리는 행위, 노상 방뇨 등을 엄격히 제한하고 있으며 위반할 경우에는 경범죄 위반 행위로 처벌하는 등 관련 법규를 엄격하게 적용하고 있다. 청계천 곳곳에는 CCTV가 16개소에 설치되어 있는데 상하좌우 회전이 가능해서 적은 숫자지만 이른바 사각이 존재하지 않는 첨단 장비다.

우천시 등 위급한 상황이 발생할 경우에는 50m마다 설치된 스피커를 통해 방송을 내보낸다.

다시 돌아온 청계천은 성숙한 시민의식을 요구하고 있다. 청계천을 아끼고 사랑하는 시민의식이 청계천을 지키는 원천이 될 것이다.

60 애완동물 상가

청계천을 따라 즐비하게 늘어서 있는 상가들은 나름대로 신발, 의류, 혼수용품, 재봉틀 등 각기 전문성을 가지고 있다. 그 중에서도 청계6가와 7가에는 애완동물을 전문적으로 판매하는 상가가 형성되어 있다.

20여 년 전 대형 수족관을 갖춘 열대어 전문상가로 시작한 이곳은 앵무새를 비롯한 조류는 물론이고 토끼 등 다양한 종류의 애완동물 상가로 영역을 확

대했다. 이곳에서 판매되고 있는 애완동물들은 수입상이나 농장에서 직접 데려오기 때문에 가격도 저렴한 편이다.

　　아이들과 함께 가족 단위로 청계천을 구경나왔다면 이곳을 찾아 구경하는 것도 재미있다. 아이들이 좋아하는 닭, 토끼, 꼬마돼지 등은 물론이고 열대어 등 각종 관상어와 앵무새를 비롯한 조류, 악어와 같은 파충류까지 팔고 있다. 또한 보기 힘든 귀한 동물들도 많다. 구경하는 사람들로 다소 혼잡하지만 마치 동물원에 찾아온 느낌을 받을 수 있을 것이다. 애완동물 거리는 지하철 1, 4호선 동대문역이나 6호선 동묘 앞 역에서 내려 5분 정도 걸으면 된다.

외래어종의 무단 방생 금지

청계천에는 외래어종 어류 및 동물의 반입을 엄격하게 금지하고 있다. 관상용으로 인기있는 붉은귀거북(청거북)은 한강에 폭넓게 서식하면서 토종어류들을 마구 잡아먹고 있는데, 마땅한 천적이 없는 데다가 수명 또한 길어 생태계의 골칫거리가 되고 있다. 재미삼아 혹은 불쌍하다고 무심코 외래어종을 청계천에 방생하면, 복원과 함께 다시 청계천을 찾아온 토종어류들이 발붙일 수 없는 결과를 초래할 것이다. 어린이를 동반한 부모들의 세심한 관심이 필요하다.

part 7

清溪川
다양한 음식 문화의 거리
– 청계7가

7

청계7가의 청계천은 다양한 음식문화를 즐길 수 있는 먹자골목으로 유명하다. 동대문 재래시장 주변의 먹자골목은 물론이고 동대문운동장의 풍물거리 먹자골목, 종로 쪽 생선구이 골목과 닭 한마리 골목 등 저렴하고 다양한 먹을거리를 즐길 수 있다.

61 나비 모양의 맑은내다리

맑은내다리는 청계천을 순 우리말로 바꾼 말이다. 나비의 힘차게 비상하는 모습을 담고 있는 이 다리는 아치 구조와 크로스 케이블을 조화시켜 힘찬 도약을 상징적으로 표현하고 있다. 주변의 패션 전문상가와 잘 어울리는 이 다리는 동평화상가 앞에 자리잡고 있는데 다리의 규모는 폭이 13.5m, 길이는 26.5m다.

다리를 건너 종로 쪽으로 가면 우리나라에서 가장 규모가 큰 신발 가게가 다다다닥 붙어 있고 문구완구 골목도 다리 부근에 자리잡고 있다. 다양한 문구들을 동네 문방구보다 훨씬 저렴하게 살 수 있어 아이들과 함께 청계천에 구경나왔다면 들러볼 만하다.

다양한 문구가 구비되어 있어 신학기를 준비하는 학부모들에게 인기다. 반대 방향에는 아트프라자, 동평화시장, 광희시장, 팀204, 디자이너클럽 등이 자리하고 있다.

먹을 곳을 찾는다면 동대문운동장역 5번 출구로 빠져나와 출구 뒤편으로 가보자. 이곳에는 중앙아시아촌이라는 외국음식 전문 식당들이 모여 있어 특별한 음식을 맛볼 수 있다.

62 관광 코스로 각광받는 동대문 재래시장

우리나라 최대의 의류 전문상가를 형성하고 있는 '동대문시장'은 내국인뿐만 아니라 중국과 동남아, 러시아의 보따리 장사꾼들은 물론 외국인 관광객도 즐겨 찾는 관광 코스가 되었다. 특히 동대문의 재래시장은 "낮보다 밤이 더 화려하다"라고 할 정도로 새벽까지 사람들로 북적인다. 대부분의 의류 재래시장들이 새벽 5시까지 영업하기 때문이다. 청계천 복원에 발맞추어 이 일대 상가에서는 청계천을 방문한 시민들을 포함하여 많은 사람들이 찾고 있는 새로운 관광 명소로 발돋움하고 있다.

제일평화시장은 1979년 개장된 재래시장 타입의 종합 상가다. 의류뿐 아니라 핸드백, 구두, 액세서리까지 다양한 제품을 생산도 하고 판매도 하고 있다. 동대문 쇼핑타운에서 가격이 가장 저렴한 곳으로 소문난 곳이며, 인기 유명 연예인들이 이곳에 의류점을 운영하고 있다고 해서 화제가 되기도 했다. 신평화시장은 캐주얼 의류를 전문으로 생산, 판매하고 있는 시장이다. 지하 1층부터 4층까지 마치 시장처럼 편안하고 저렴하게 옷을 살 수 있다.

광희시장은 무스탕과 품질 좋은 가죽제품을 살 수 있는 곳으로 소문난 곳이다. 이곳 2층에는 모피, 무스탕 등 가죽소재의 옷들이 가득하며 구입하지 않더라도 고급스러운 옷을 구경하는 재미가 쏠쏠하다.

63 닭한마리 골목과 생선구이 골목

사람들이 많이 모이는 장소에는 맛 집들이 있다. 동대문 의류시장 주 변도 예외가 아니다. 청계천 나래 교와 버들다리 사이의 종로 쪽으로 나가 골목길로 접어들면 소문난 맛 집 골목을 만나게 된다. 골목 안으 로 들어서면 닭한마리 집과 생선구 이 집들이 빼곡하게 들어서 있다. 생선 굽는 구수한 냄새와 연기가 골목을 가득 메우고 있는데 직접 밖에서 연탄불로 생선을 구워 내 고 있기 때문이다.

생선구이 골목과 마주하고 있는 닭한마리 골목도 몇 십 년을 한곳에서 영업해 온 가게들이 많기 때문에 이곳을 찾으면 마치 과거 속으로 들어와 있는 듯한 느낌이 든다. 닭한마리는 뚜껑이 없는 커다란 양푼에 닭 한 마리와 육수가 나오는 것으로 다른 곳과는 달리 손님들이 직접 파도 넣고 양념도 넣어가면서 요 리해야 한다. 직접 하나하나 요리해 가며 먹기 때문에 맛은 물론 재미까지 있다.

64 벼룩시장으로 변한 동대문운동장

동대문운동장은 서울올림픽이 개최되기 이전까지만 해도 우리나라를 대표하던 종합운동장이었다. 70여 년의 오랜 역사와 화려했던 명성을 자랑하던 동대문운 동장은 풍물시장과 주차장으로 변모했다. 뜨거운 함성과 명승부가 펼쳐지던 축구장이 이젠 주차장으로 변했고, 운동장 트랙을 따라서 풍물시장이 자리잡았다.

동대문 풍물시장은 청계천 복원의 또 다른 산물이다. 2005년 1월에 문을 연 이곳은 청계천 복원공사로 갈 곳을 잃은 황학동 벼룩시장 상인을 비롯한 노점상 900여 명이 옮겨와 동대문 풍물거리라는 이름으로 둥지를 틀었다.

청계천 고가 도로를 따라 늘어서 있던 황학동 벼룩시장처럼 이 풍물시장도 늘 인파로 가득하며, 사는 사람보다 구경하는 이가 더 많다. 어디에서 이런 물건들이 나왔을까 싶을 정도로 감추어진, 보지 못했던 물건들이 운동장 트랙 위를 가득 메우고 있다. 놓여진 물건들은 모두 제멋대로, 정돈된 느낌은 전혀 없다. 이 풍물거리에는 없는 게 없어서 생활 잡화에서부터 재활용품, 골동품, 심지어 성인

용품에 이르기까지 사람들이 쓰는 물건이라면 모두 다 있다. 가격도 정해진 것 없이 부르는 것이 가격이고 가게마다 가격도 다르다. 고가의 명품 가방과 구두, 옷들도 있지만 여기선 명품이라 할지라도 단돈 3~4만원이면 충분히 살 수 있다. 매일 아침 10시부터 저녁 8시까지 문을 연다.

65 서울 속의 중앙아시아

맑은내다리를 건너 지하철 5호선 동대문운동장역 5번 출구 뒤편으로 가면 속칭 중앙아시아촌으로 불리는 이색적인 골목이 있다. '서울 속의 중앙아시아'라 불리는 이곳은 상가 간판도 메뉴도 익숙하지 않은 외국어로 표기되어 있어 마치 외국에 온 느낌이 든다.

이 골목을 중심으로 중앙 아시아 출신 외국인 노동자들의 아지트가 몰려 있어 자연스럽게 그들을 위한 상가가 형성되고 식당들이 자리잡았기 때문이다. 우즈베키스탄, 카자흐스탄, 몽골 등에서 일자리를 찾아 온 노동자들은 이곳에서 서로 만나 정보를 교환하고 고국의 향수를 달래고 있다. 하나둘 생기기 시작한 식당들은 갈수록 늘어나 지금의 먹자골목을 형성했는데 음식 가격대는 비교적 저렴한 편이다. 5천원에서 1만원이면 대부분의 메뉴를 푸짐하게 먹을 수 있다.

66 동대문 신발 도매상가

동대문 평화시장 건너편 청계천7가와 상가 안쪽의 거리 그리고 청계천변을 따라 길게 이어진 건물들은 온통 신발 가게다. 대형 건물만 하더라도 네 동이나 된다. 신발 가게만으로 대략 1,800여 업체가 모여 대규모 상권을 이루고 있다. 창신동 신발 거리라고 불리는 이곳은 세계 어디에 내놔도 규모 면에서 뒤지지 않을 것이다.

이곳에는 없는 신발이 없다. 구두, 운동화, 등산화는 물론이고 설마 아직까지 신는 사람이 있을까 하는 검정고무신, 아동화 등 종류도 다양하다. 이 신발 도매상가는 전국에 흩어져 있는 시장이나 신발 가게로 가기 위해 거쳐 가는 도매

1번지로 통하기 때문에 소매가격도
저렴한 편이다. 이 많은 신발 가게
들은 나름대로 주로 취급하는 신발
종류가 다르고 판매에 그치는 것이
아니라 패션 신발이나 구두를 직접
만들기도 한다. 도매상가라서 새벽
3시에 문을 열고 오후 6시경이면
문을 닫는 가게들이 많다.

67 청계천의 출구격인 광희문

서울의 도심 한가운데를 흐르고 있던 청계천은 조선시대 동대문과 광희문 사이
에 있는 오간수문을 통해 성문 밖으로 나갔다. 청계천의 출구격인 광희문은 이름
은 아름답지만 조선시대 이후 일제시대에 이르기까지 많은 사람들로부터 외면당

하고 좋지 않은 곳의 대명사로 불렸던 곳이다.

광희문은 시구문 또는 수구문이라는 이름으로도 불렸다. 서울 장안에서 장사를 치를 능력이 없는 가난한 빈민이나 전염병이 들어 죽은 시신을 이곳 광희 문 밖에 내다버리는 풍도도 있었으며, 도성 안에서 사람이 죽으면 그 시신은 다른 문을 통해서 나가지 못하고 오로지 이곳 광희문을 통해서 나가도록 했었다고 한다. 그래서 시구문이라는 이름이 붙여졌다.

또한 청계천의 물이 이곳을 통해서 빠져나갔기 때문에 수구문이라고도 불렀다. 비단 시구문은 죽어서만 나가는 문이 아니었다. 갑신정변 때 체포된 죄인들을 산 채로 수구문 밖으로 끌고 나가 처형하는 일도 있었으며, 1907년 일본이 대한제국 군대를 해산하자 일본군과 최후까지 접전을 치른 후 전사한 군인들 시체를 시구문 문밖에 모아 두기도 했다. 아무튼 광희문은 이름과는 달리 처참한 역사의 흔적을 지닌 문이었다.

68 광희시장 앞의 먹자골목

오간수교 다리를 건너 을지로6가 지하상가 입구부터 제일평화시장 앞, 그리고 흥인 스타덤 쪽으로 가다 보면 길가를 따라 포장마차들이 길게 늘어서 있다. 인파와 포장마차들이 한데 뒤섞여 길을 가기 어려울 정도다. 인파 속을 헤집어 가면 돼지고기를 볶는 맛있는 냄새가 코끝을 자극한다. 힐끗힐끗 구경하는 재미도 즐겁다. 포장마차에는 돼지볶음, 곱창, 순대볶음, 국수, 부침개 등 다양한 먹을거리들이 가득 올려져 있다.

겉에서 보기에는 비좁아

보이는 포장마차지만 들어가 보면 뒤쪽으로 널찍한 테이블이 놓여 있어 불편함을 느끼지 못한다. 많은 포장마차들이 있지만 메뉴들은 거의 비슷하며 곱창볶음과 돼지고기 볶음이 주 메뉴들이다. 건너편에도 길거리 음식들이 즐비하다.

69 덤핑 하면 동평화 패션타운

동평화 상가는 재래시장이지만 청계천 복원과 더불어 깔끔하게 리모델링되었다. 청계천 맑은내다리를 건너면 바로 맞닿아 있어 다른 어느 재래시장보다도 더욱 시선이 집중되는 곳이다. 으레 청바지 하면 동평화시장이 떠오를 정도로 소문나 있으며, 국내 유명 브랜드 의류를 덤핑으로 처리하는 곳으로도 이름나 있다. 1천여 개의 의류 점포들이 들어서 있는 이 상가는 2층과 3층에 국내 유명 브랜드 위주의 덤핑 매장이 있으며, 4층

은 동평화시장을 대표하는 청바지 전문 가게들이 입점해 있다. 각 층마다 전문 취급 품목이 지정되어 있고, 또한 층마다 가게를 여는 시간과 닫는 시간이 상이한 것도 부근 재래시장과 다른 점이다.

외국인들도 이 시장의 주요 고객이다. 중국 보따리 상인과 남미 상인들은 물론이고 러시아와 동남아 상인들도 흔하게 볼 수 있다. 아침 8시에서 9시 사이에 문을 열고 오후 6시경에 문을 닫지만 2층은 얼마 전부터 e쇼핑타운으로 새롭게 변신하여 밤 10시까지 개장한다.

70 어떠한 시설들이 들어서 있는가?

새로 복원된 청계천에는 다양한 시설들이 들어서 있다. 우선 청계천을 가로지르는 특색 있는 다리 22개가 새로 놓였고, 청계천 물가 산책길에 들어가고 나가기 위한 시설로 계단 23개소와 경사로 7개소가 설치되었다. 특히 일부 출입구간은 물 흐름에 방해되지 않도록 앞쪽이 트인 구조의 계단으로 되어 있기 때문에 짧은 치마를 입은 여성들은 주의가 요구된다.

청계천 산책로는 대부분 친환경 경화흙을 사용해 포장되었으며, 일부 구간은 돌 블록이 깔려 있다. 물가를 따라 14개소의 수변 데크가 있고, 시냇물 양쪽을 건너다닐 수 있는 징검다리도 23개나 된다. 또한 시원스럽게 물을 뿜어대는

분수는 벽천분수가 6개소, 고사분수 3개소, 터널분수 1개소가 있고, 각각의 분수는 경관 조명이 설치되어 밤이 되면 더욱 아름다움을 뿜낸다. 청계천에는 야간 경관과 조명을 위한 시설로 모두 8,873개의 조명등이 설치되어 있는데, 대

● 옹벽에 설치된 간접조명

<u>부분 간접조명 방식으로 은은한 분위기를 연출한다.</u> 청계천 안내와 우천 등 비상시 관람객 대피 방송을 위해 스피커 116개를 포함한 방송시설이 설치되어 있고, CCTV도 곳곳에 설치되어 있다. 그밖에도 우천시를 대비해 수위 관측시설 5개소, 좌우안의 옹벽 내부에는 하수 분류관의 냄새를 줄이기 위한 탈취시설 3개소가 각각 설치되어 있다.

● 수변 데크

淸溪川

part 8
새로운 역사의 장
– 청계8가

청계8가의 청계천은 역사가 있는 거리다. 영도교의 아픈 전설을 비롯해 숨 가쁘게 달려왔던 개발시대의 상징물인 삼일아파트의 흔적과 골동품 거리인 황학동 벼룩시장도 이 구간에 있다.

71 풀잎 모양을 형상화한 다산교

조선 중기 실학자 정약용의 호를 따서 이름을 붙였다. 이 다리와 연결된 도로 이름이 다산로이기 때문이다. 환경 친화적인 이미지를 담고 있는 사장교 |탑에서 비스듬히 친 케이블로 거더를 매단 다리 이며, 주 탑을 풀잎 모양으로 형상화해 운치있는 모습이다. 다리의 규모는 폭 44.4m, 길이 29.6m이며, 보도와 차도를 겸하고 있다.

다리를 건너면 황학동 벼룩시장이 청계9가까지 이어지고 있다. 대부분의 노점상들은 청계천이 복원되면서 동대문 풍물거리로 옮겼고 지금은 도로변의 가게들만 남아 있는데 길가에 진열되어 있는 물건들은 예전 벼룩시장 그대로여서 구경하는 재미가 있다.

다리 건너 삼일아파트는 우리나라에서 가장 오래된 아파트로 역사적인 의미를 지니고 있지만 이미 일부는 철거가 시작되어 뉴타운이 건설될 예정이다. 도심 쪽 청계천과는 달리 다산교부터는 강물의 폭이 넓어지기 시작하고 다리 아래에는 청계천 빨래터가 여유롭게 자리잡고 있다.

72 영영 돌아오지 못한 영도교

도성에서 동쪽의 왕십리나 뚝섬 방면으로 가자면 흥인지문을 지나 영도교를 건너야 했기 때문에 조선시대부터 중요하게 다루었다. 또한 이 다리는 청계천 다리 중에서 가장 가슴 아픈 역사를 지니고 있어 지금도 소설이나 연극의 소재로 자주 등장하고 있는데, 이 주인공은 비운의 단종비 정순왕후 송씨다.

조선 세종의 맏아들 문종이 재위 2년 4개월 만에 병사하자 12세의 단종이 왕위를 잇게 되지만 얼마 후 단종마저 삼촌 세조에게 왕위를 빼앗기고 노산군으로 강봉되어 영월로 귀양을 떠나게 된다. 귀양을 떠날 때 정순왕후 송씨가 이별하며 슬피 운 곳이 바로 이 다리 위였다고 한다. 그 후 이 다리는 이들의 이별을 기려 '영이별다리', '영영 건넌 다리' 라고 부르다가 지금의 영도교가 되었다.

원래 나무다리였던 영도교는 조선 성종 때 돌다리로 다시 만들면서 임금으로부터 영도교라는 이름을 하사받는 영광을 누렸다. 그러나 다시 고종 때 대원군이 영도교를 헐고 다리에 놓여 있던 석재를 경복궁 중수에 사용하는 등 수난을

겪기도 했다. 새롭게 복원된 영도교는 경복궁의 기둥과 옛 다리의 석교 이미지를 되살려 전통 대청 양식을 도입한 아치교로 복원됐다. 차가 다닐 수 있는 차도교 이며 다리의 규모는 폭이 26.2m, 길이는 30.1m다.

73 노란 학의 전설이 깃든 황학교

일제 때까지만 해도 이곳은 노란 학이 날아드는 논밭이었다고 한다. 1936년에 만들어진 〈대경성정도〉라는 책에서도 황학교 부근에 황학이 날아와 새끼를 치며 살았다고 하는 내용이 실려 있다. 황학을 길조로 보고 마을에 복이 가득하기를 바라는 이곳 주민들의 소망에 따라 동네 이름을 황학동으로 지었고, 다리 이름도 자연스럽게 황학교라 불렀다. 다리 주변에는 이웃 다산교에서부터 시작된 벼룩시장이 계속 이어진다. 새로 놓인 황학교는 황학동 벼룩시장과 학의 모습을 본떠 만들었다. 청계천의 많은 다리와는 사뭇 다른 형태를 가지고 있다.

다리에 오르면 마치 방에 들어와 있는 듯한 느낌이 들 정도로 다리 난간이 거실 창문 형태를 띠고 있다. 황학교는 청계8가 난계로 입구에 자리잡고 있으며 다리 규모는 폭 32.6m, 길이 45.1m다. 특히 황학교 일대는 청계천이 복원되기 전 폭우가 쏟아질 때 중랑천에서 거슬러 올라간 수백 마리 잉어 떼가 발견되어 뉴스의 초점이 되기도 했던 곳이다.

74 버드나무 아래의 빨래터

● 사진의 오른쪽에 빨래터가 있다

청계천은 조선시대부터 서민들의 생활터전이었고 아낙네들의 쉼터였다. 청계천 물가에서 아낙네들은 삼삼오오 모여서 빨래를 하고 아이들은 빨래하는 엄마 옆에서 멱을 감으며 놀았다. 큰비가 와서 청계천 주변의 더러운것들이 씻겨 내려가고 맑은 물이 흐를 때면 빨래터는 더욱 활기를 띠었다. 넓적한 빨래판 위에 빨래를 얹고 힘차게 문지르거나 방망이로 내리치는 소리가 청계천변을 가득 채웠다. 이렇게 깨끗하게 빤 옷들은 따사로운 햇볕에 말리는데 멀리서 보면 마치 하얀 천막을 친 듯이 보였다.

이러한 추억과 재미있는 얘깃거리를 간직하고 있는 빨래터의 모습을 다산교와 영도교 사이에 운치 있게 재현해 놓았다. 빨래터 뒤편으로는 충남 천안에서 옮겨온 능수버들 16주가 심겨져 있어 한편의 풍속화 같은 풍경을 연출한다. 비록 지금은 보는 것으로 만족해야 하지만 청계천과 함께한 서민의 생활을 느껴 볼 수 있을 것이다.

75 2만 명의 시민이 참여한 소망의 벽

황학교와 비우당교 사이의 청계천 옹벽에 양쪽으로는 50m 길이의 기다란 타일 벽화가 있다. 바로 청계천 복원에 발맞추어 자발적인 시민 참여를 유도하기 위해 사전에 2만여 명의 시민들이 직접 쓰고 그린 작품들을 벽에 붙여 놓은 소망의 벽이다. 참여한 시민들의 계층도 다양하다. 서울시민은 물론이고 각 지방 자치단

체, 이북5도민과 해외동포까지 각양각색의 국민들이 참여했다. 가로, 세로 각기 10㎝의 도자기 타일에 각자의 소망을 적은 것을 한데 모아 설치한 것으로 2만여 장의 타일에 새겨진 그림과 글씨들을 읽는 재미도 쏠쏠하다.

76 고수 벽면에 색색으로 리듬벽천

도심에서 청계천 산책로를 따라 산책하다 보면 볼거리가 가득해 지루할 틈이 없다. 이곳이 정말 서울 도심 한가운데인지 의심마저 들 정도다. 청계천을 찾는 사람들의 필수품인 사진기로 즐거운 한때를 담아보는 것은 어떨까. 그냥 아무데서나 찍어도 멋지지지만, 특히 이곳 리듬벽천은 사진 촬영의 최대 명소로 손꼽히고 있다. 리듬벽천은 고수벽면에 리듬폭포처럼 물을 흐르도록 하고 그 물속에 색색의 조명을 설치해 아름다운 빛을 발산한다. 황학교와 비우당교 사이에 있는 리듬벽천은 높이 5m, 넓이 20m의 대리석 벽으로 만들어져 있으며, 검은 타원형의 돌을 박아 물고기가 물속을 유유히 헤엄치는 형상을 하고 있다. 밤의 리듬벽천은 환상 그 자체다. 4색을 가진 88개의 전구가 밝혀주는 조명은 장엄하고 화려한 빛의 잔치를 펼친다. 주변 경관 역시 빼놓을 수 없는데 리듬 벽천 주변에는 제주도민 광장이 조성되어 있어 물항아를 머리에 인 여인네의 조각이 리듬벽천과 묘한 조화를 이루고 있다.

77 역사의 뒤안길로 사라지는 삼일아파트

1969년 청계천 복개와 함께 세워진 최초의 시민 아파트로 그 당시만 해도 장안에서 최고 시설을 자랑하며 선망의 대상이 되었던 삼일아파트는 1층은 상가, 2층은 주거공간으로 지어져 오늘날의 주상복합 아파트와 비슷하다. 그러나 삼일아파트는 40여 년이라는 시간이 흐르면서 흉물스럽게 변해 도심의 골칫거리로 등장했다. 좁디좁은 비상계단에 무덤덤하게 쌓여 있는 생활도구들은 우리의 고달팠던 한 시절을 고스란히 담아내고 있었지만 청계천 복원과 더불어 철거가 시작되어 이제는 역사 속으로 자취를 감추게 되었다.

78 삼국지의 관우를 모신 동묘

다산교에서 신설동 쪽으로 몇 걸음만 가면 이색적인 소공원을 만난다. 삼국지의 관우를 모신 사당이 이곳에 처음 세워진 때는 선조 31년인 1598년이었다. 임진

왜란 중에 명나라 원군으로 조선에 파
견된 유격장 진인은 이곳에 관우의 묘
를 설치하고 제사를 지냈다. 명나라 무
장들이 관우를 수호신으로 모시던 전통을 따라서 조선시대에 무과시험을 치르는
응시자들은 관우 사당을 참배하는 것이 통과의례였다고 한다. 동묘의 외곽은 겉
에서 보기에는 우리의 궁궐 담장과 흡사하지만 관운장의 형상이 모셔져 있는 정
전은 중국식으로 지어져 있다. 서울에 살던 중국인들에게 이곳은 성지와 같은
곳이었다.

79 황학동 곱창 골목

청계천 황학교 다리를 건너 남쪽
의 난계로를 따라 5분 정도 걸어
가면 길거리까지 가득 테이블이
놓여져 있는 황학동 네거리 먹자
골목을 만나게 된다. 여기에 있는
곱창집들은 대부분 20년 이상 곱
창만을 팔아온 집들이다. 연탄불

에 굽는 먹음직스러운 곱창은 냄새까지 구수하다. 가게 밖 인도까지 간이 의자와 탁자를 내놓아도 기다리는 손님이 줄을 잇는다.

황학동 곱창은 곱창에 관해서는 자타가 한국 최고의 맛을 자랑한다. 양념장을 바르고 각종 야채와 함께 볶아내는 곱창은 정말 먹음직스럽다. 곱창을 기름장에 찍어 젓갈을 살짝 얹은 후 상추에 싸서 먹으면 쫄깃쫄깃 씹히는 맛이 일품이다. 예전에는 가까운 청계천 시장 상인들이 많이 찾았지만 요즘은 회사원들의 회식 장소나 데이트 코스를 겸한 장소로 더욱 유명해졌다.

80 황학동 벼룩시장

도깨비시장이라고 불리는 황학동 벼룩시장은 청계천이 복원되기 이전의 예전 분위기는 아니지만 여전히 황학동의 전통을 이어가는 가게들이 청계천을 따라 길게 늘어서 있다. 만물상의 집합소라고도 불리는 이곳 벼룩시장은 원하는 것은 무엇이든지 구할 수 있다고 하는 재미있는 곳이다. 이곳은 1950년대 초 전쟁 통에 전국 각지에서 고물상이 밀려 들어와 자연스럽게 형성되었고, 청계천 복개공사와 함께 건설된 삼일아파트 뒷골목을 중심으로 골동품 가게만 130여 곳이 들어서며 대규모 중고물품 시장으로 발전했다. 발품을 조금 팔면 싼 값에 쓸만한 물건을 살 수 있고, 종일 구경만 해도 질리지 않는다. 워낙 다양한 제품들이 쌓여 있다 보니 뭐가 나올지 모른다는 뜻에서 도깨비시장이라는 이름이 붙었다고 한다.

清溪川

part 9
쉬어가는 여유로운 거리
– 청계9가

청계9가의 청계천은 오랜 시간 산책 후 잠시 숨을 고를 여유가 있는 구간이다. 청계광장부터 바쁘게 구경하며 내려온 산책길이 이곳에서부터는 무척 넓어진다. 존치교각 등 남겨진 역사적인 흔적과 청계천 문화관에서 청계천의 어제와 오늘을 체험해 볼 수 있다.

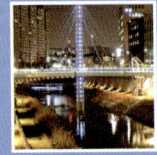

81 지난 역사를 증언하는 존치교각

청계천 복원공사와 관련된 신문기사를 접할 때면 자주 등장하는 청계천 관련 사진 한 컷이 있다. 마장동 부근 비우당교와 무학교 사이에 역사의 산 증인처럼 우뚝 서 있는 콘크리트 기둥은 지나는 이들의 눈길을 끌기에 충분하다. 청계고가도로를 철거할 때 고가도로 상판을 뜯어내면서 다리를 받치고 있던 교각들도 모두 철거되었지만 그중 3개의 교각은 그대로 남겨두었다. 철근이 콘크리트 벽으로 삐져나와 있는 이 교각은 우리나라 개발시대의 상징물을 후세에 보여주는 기념비적인 조각품 같다.

82 성북천 합류점의 터널분수

청계천 하류 쪽은 자연 그대로의 멋을 즐길 수 있어 좋다. 볼거리도 오히려 상류 쪽보다 많다. 강물의 폭도 넓어지고 강가를 따라 여유롭게 헤엄치는 물새들도 쉽게 볼 수 있다. 비우당교와 무학교 사이의 터널분수도 도심 쪽의 분수와는 차원이 다르다. 물줄기가 하늘 높이 솟아오르는 것이 아니라 5m 높이의 석축 위에서

뽑어 나온 물줄기는 화려한 포물선을 그리면서 청계천 바닥으로 떨어진다. 밤이 되면 성북천 합류점과 터널분수 주변은 더욱 화려해진다. 분수에서 뿜어져 나오는 물줄기가 화려한 조명과 어우러져 아름다운 물과 빛의 터널을 이루고 있기 때문이다. 터널분수는 폭이 무려 50m나 되며, 모두 42개의 노즐이 설치되어 있다. 터널을 이루고 있는 물줄기의 분사 거리만도 16m에 이른다. 길 건너편의 성북천이 청계천과 합류하는 지점의 물줄기도 아름답다. 두 물줄기의 만남을 은은하게 비춰주는 조명은 잔잔한 여운을 주고 있다.

83 청백리의 얘깃거리가 담긴 비우당교

신설동과 왕십리 두 마을을 연결해 주는 청계천 다리다. 원래 비우당은 비를 근근이 가린다는 뜻을 가진 말로 조선 세종 때 대표적인 청백리로 알려진 하정 유관 선생이 살던 집을 의미하기도 한다.

조선시대 초 3대 임금을 모신 정승 유관이 이곳에 초가를 짓고 살았는데, 어찌나 청빈한지 비가 오는 날이면 집에 온통 비가 새었다. 비가 새면 유관은 과거 급제 때 하사받은 우산을 펴 들어 비를 피하면서 그의 아내에게 "우산이 없는 집은 장마철을 어떻게 견뎌야 하나?"라고 물었다는 이야기를 전해 듣고 유명한 실학자 지봉 이수광이 이 집에

살며 이름을 비우당이라고 지었다고 한다. 그 후 비우당은 과거 보러 상경한 선비들이 반드시 찾아보는 순례 코스가 되었다. 이를 기념해 세운 비우당교는 주변에 새롭게 조성되고 있는 뉴타운 사업에 따른 도시의 미래지향적인 이미지를 반영, 폭 26.5m, 길이 46.6m 규모로 세워졌다.

84 제주도민의 광장

황학교 아래에 가면 돌하르방과 물허벅을 진 여인상이 서 있는 제주도민 광장이 있다. 잘 가꾸어진 자그마한 정원은 잔디와 수목, 그리고 광장을 가로지르는 통나무 다리가 한데 어우러져 정겹다. 제주도가 청계천 복원을 기념해 서

106

울시에 기증한 돌하르방은 높이가 2m, 무게가 3톤이며 돌하르방의 명장 장공익 선생이 직접 제작했다. 또한 물허벅 여인상은 높이 3m, 무게 6톤 규모로 웅장하고 독특한 형상에 지나는 사람들의 눈길을 끈다. 돌하르방 주변의 청계천 산책로는 왕벚나무, 구상나무, 팽나무 등 제주에서 서식하고 있는 나무들을 심어 놓았다.

85 무학대사의 전설이 내려오는 무학교

무학교는 조선 개국 초에 왕십리 지역에 도읍을 정하려고 태조 이성계를 따라 그림을 보러 다니던 고승 무학대사의 이름에서 유래했다.

태종 이방원이 왕자의 난을 일으키자 이에 불만을 품은 태조는 함흥으로 낙향했고, 이방원이 태조를 한양으로 모시고 오려 수차례 신하를 보냈으나 오히려 태조 이성계는 함흥으로 내려온 신하를 잡아가두는 등 돌아올 생각을 하지 않았다. 심부름을 간 사람이 소식이 없거나 회답이 오지 않음을 일컫는 '함흥차사'란 말이 이런 연유로 생겨났다. 결국 이방원은 태조의 신임이 두터운 무학대사를 보내 태조를 한양으로 모셔올 수 있었다고 한다.

이번에 복원된 무학교는 햇살의 이미지를 살린 형태로 청계9가 무학로 진입로에 자리잡고 있다. 다리의 규모는 폭이 34.8m, 길이는 43.6m다. 이 구간에서는 매년 10월 이색적인 문화축제가 열린다. 동대문 문화원에서 주관하는 청룡문화제로 조선시대의 기우제를 재연한 행사로 청계천의 또다른 볼거리를 제공한다.

86 바람과 물이 만나는 두물다리

청계천 지류가 합류되던 곳이라고 해서 두물다리라는 이름이 지어졌다. 두물다리는 두 물길이 만나는 모습을 형상화해 화합을 상징하고 있다. 다리 한가운데에는 기둥을 높이 세우고 그 기둥 사이를 두 개의 다리가 엇갈려 만나는 모양이다. 청계천의 다른 다리들과는 비교될 정도로 규모 면에서는 작은 편이지만 아기자기하게 꾸며 놓은 것이 하나의 예술작품 같다. 멀리서 보면 다리가 아니라 청계천에 놓여진 큰 설치작품 같은 느낌이 든다.

다리 한가운데 우뚝 서 있는 높은 기둥을 감싸는 감미로운 보랏빛 조명은 길 건너 청계천 문화관을 환하게 밝혀주는 백색 조명과 어우러져 이 일대를 낭만적인 강변 분위기로 바꿨다. 성동종합사회복지관 앞에 자리잡고 있는 두물다리는 폭이 6m, 길이 43.8m로 보도 전용이다.

87 이야기를 모아 놓은 청계천 문화관

두물다리를 지나면 물결 모양을 가진 건물 하나가 나타난다. 청계천의 역사와 문화를 한눈에 볼 수 있는 청계천 문화관으로 맑게 흐르는 청계천을 형상화한 길쭉한 4층 건물이라 멀리서도 쉽게 눈에 띈다.

이 문화관은 2층부터 4층까지 청계천의 자료와 영상물 등을 소개하는 상설전시장으로 꾸며졌으며, 1층에는 아담한 카페와 청계천 기념품을 팔고 있는 매점, 기획전시실이 자리잡고 있다. 출입구 외부에 설치된 에스컬레이터를 통해 먼저 4층으로 올라간 뒤 1층까지 내려오면서 차례로 관람하도록 동선이 처리되어 있다. 모형과 화면을 통해 청계천의 예전 모습과 복개 과정을 볼 수 있고, 청계천 복원 전의 어두컴컴한 다리 아래를 걸어볼 수도 있다. 특히 3층 바닥에는 청계천 주변을 촬영한 대형 항공사진이 깔려 있어 마치 하늘에서 청계천을 내려다보고 있는 느낌이 든다.

청계천 투어 코너에서는 청계광장에서 신답철교까지 새롭게 복원된 청계천의 모든 구간을 영상으로 관람할 수 있다. 오전 9시부터 밤 10시까지 연중무휴 무료 개방된다.

88 마지막 다리, 고산자교

복원된 5.8㎞ 구간 중에서 가장 하류 쪽에 있는 마지막 다리가 고산자교다. 조선시대 우리나라 방방곡곡을 걸어 다니며 대동여지도를 만든 지리학자 김정호의 호에서 따왔다. 이 다리와 연결되어 있는 도로 이름 역시 김정호의 호를 따서 고산자로라고 붙여졌는데 이곳이 바로 김정호가 살던 곳이기 때문이다.

　　다리 주변은 도심 쪽과는 달리 차분하고 조용한 편이라 마치 어릴 적 반딧불이가 날아다니던 시골 분위기를 연상케 한다. 청계천은 고산자교에서 도심 쪽으로 50m 되는 지점에서 정릉천

과 합쳐진다. 하류 쪽으로 좀더 내려가면 버들습지가 나온다. 다리를 건너 남쪽으로 3분 정도 걸어가면 얼마 전까지 마장동 도살장이나 우시장이라고 불렸던 마장동 축산물시장이 있다.

89　영조어필과 준천가

영조어필은 1760년 영조가 개천 준설에 공이 있는 신하들에게 내린 글이다. 이 글에서 영조는 "준천 역사를 끝마친 것은 경들이 정성을 다했기 때문이다. 내가 듣건대 후한 광무제가 말하기를 뜻이 있으면 마침내 이루어진다"라고 했다.

　　또한 '준천가'는 1773년 석축공사 완공 후 준천에 대한 영조의 공덕을 찬양하여 채제공이라는 사람이 지은 시다. 이 시를 지은 채제공은 조선 후기 문신으로 영의정까지 지냈으며, 이 시는 영조에게 올린 시로 그의 호를 딴 문집 '번암집'에 수록되어 있다.

　　'준천가'는 칠언배율 형식의 40구 276자로 되어 있으며, 이 시에서 청계천 준설 작업을 단행한 영조를 높이 찬양하고 있다. 이 준천가에는 개국 초기 개천공사, 400년간 준설을 하지 않아 개천이 황폐해진 상황, 준설을 둘러싼 조정의 논란과 영조의 결단 등이 사실적으로 묘사되어 있다.

"…육칠월 도성에 장마라도 들면

땅위의 물이 무릎까지 차오른다.

조정대신들 의론이 분분할 때

성군의 결단은 명쾌하고 빠뜨림이 없었다.

국고재정 아낌없이 쏟아 붓고

장정들 앞 다투어 떨쳐나섰다.

임금님 납시어 살피심에 피로를 모르는데

물은 옛길 따라 어찌 그리 편하게 흐르는가!

땅기운도 막힘없이 소통이 잘 되네…."

– '준천가' 일부–

● 청계천 준천도

90 청사랑 자원봉사자들

청계천을 방문한 사람이라면 푸른색의 모자와 조끼, 그리고 어깨에 안내 띠를 메고 곳곳에 서 있는 사람들을 보았을 것이다. 이들은 청계천을 사랑하는 사람들이란 약칭을 가진 '청사랑'의 자원 봉사자들이다. 회원 수 1만여 명을 넘어서고 있는 청사랑은 청계천 안전 지킴이, 환경 및 안내 도우미, 지식 나누미 이렇게 3개 분야로 나누어 활동하고 있다. 안전 지킴이는 기초질서 유지, 안전사고 예방, 장애인 도우미, 비상시 시민 대피 유도 등의 임무를 맡고 있으며, 환경 및 안내 도우미는 청계천 시설물 위치 안내, 간단한 쓰레기 수거와 녹지 보호 등의 활동을 하게 된다. 또한 지식 나누미는 외국인 방문객을 위한 통역과 청계천 생태환경 교실운영 및 역사와 문화에 대한 설

명 등의 활동을 한다. 청계천에는 이러한 자원봉사자들이 곳곳에 모두 90여 명이 배치되어 있다. 청계천을 산책하다가 만난 이들에게 건네는 수고한다는 말 한마디는 자원봉사자들에게 더욱 힘을 북돋워줄 것이다.

清溪川

part 10

생태 환경 그대로
– 청계천 하류

10

청계천 하류는 자연 그대로의 생태 구간이다. 고산자교를 지나면 청계천은 중랑천과 합해진다. 이 하류 구간에는 다양한 가로수길이 있으며 넓게 조성된 갈대숲을 비롯한 다양한 조류와 물고기들이 발견되는 등 새로운 생태 환경으로 거듭나고 있다.

91 그때 그대로, 살곶이다리

살곶이다리를 찾으면 마치 조선시대 과거 속으로 들어온 듯하다. 태조 이성계와 그의 아들 태종 이방원의 일화에서 비롯된 살곶이다리는 청계천 복원과는 무관하지만 청계천과 중랑천이 만나는 시점에 있

는 역사 깊은 돌다리다. 살곶이란 '화살이 꽂혔다'는 뜻이다.

함흥으로 떠난 이성계는 아들 태종의 오랜 회유 끝에 한양으로 돌아오게 된다. 이성계는 뚝섬벌로 자신을 맞으러 나온 이방원을 보자 그 자리에서 화살을 쏘았는데, 이방원의 심복 하륜이 이와 같은 상황을 미리 예견하고 근처에 커다란 기둥을 세워 놓아 화살을 피해 목숨을 건질 수 있었다고 한다. 이때부터 이곳의 이름을 '살곶이벌'이라 불렀다고 한다.

살곶이다리는 당시 교통의 요충지로서 동쪽 광나루를 통해 나가면 강원도 강릉으로, 그리고 동남쪽으로는 광주나 충주로, 남쪽으로 가면 조선시대 임금들의 능이 있는 헌인릉으로 가는 길목이었다.

그러나 대원군이 경복궁을 재건한다고 다리의 돌을 뜯어 가기도 하고, 장마 때 다리 일부가 유실되는 등 수난을 겪다가 1938년에 이르러서는 그 옆으로 성동교가 세워지면서 다리 기능을 완전히 상실하게 되었다. 1967년 사적 제160호로 지정되었다.

92 반딧불이 조명단지

청계천의 하류 쪽인 고산자교 부근은 도심 쪽 청계천과는 사뭇 분위기가 다르다. 강폭도 넓고 깊이도 있다. 강물을 따라 양안으로 갈대와 수초가 넓게 퍼져 있어 정말 시골에서 흔하게 볼 수 있는 냇가 모습이다. 갈대와 수초 안에서는 곤충도 볼 수 있으며, 맑은 강물 위에는 철새들도 흔하게 볼 수 있다. 밤에는 더욱 낭만적이다. 어둑어둑해지면 청계천변의 수초와 물가에는 잔잔한 빛잔치가 펼쳐진다.

오색의 자그마한 전구를 이용한 이 조명들은 영락없이 반딧불이다. 사진을 촬영하기에도 안성맞춤이다. 아름다운 분위기이면서도 청계천을 찾는 대부분의 사람들이 상류 쪽을 선호하기 때문에 비교적 여유롭게 구경할 수 있는 것도 장점이다. 가까운 곳에 조성된 버들습지와 더불어 청계천 생태 복원의 의미를 되새겨 볼 수 있는 계기도 된다.

93 과수 산책길

마치 영화에서나 봄직한 정겨운 길이 있다. 사과나무와 감나무가 줄지어 서있는 과수 산책길이 청계천변의 색다른 풍경을 만들어낸다.

고산자교 건너편 하류 상단 좌우에 심겨진 사과나무들은 사과의 본고장인 충북 충주시가 청계천 복원을 기념해 사과나무 120그루를 3.5m 간격으로 심어 놓은 곳으로 신답철교 부근까지 400m 구간에 조성되어 있다. 마치 노래의 한 구절처럼 종로에 심어보자는 사과나무가 종로가 아닌 이곳 청계천에서 볼 수 있게 된 것이다. 감나무길은 감의 주생산지인 경북 상주시에서 조성한 곳으

로 고산자교 아래 신답펌프장으로부터 마장2교까지 이르는 약 450m 구간에 감나무 90그루를 심어 조성되었다. 그래서 청계천 하류를 찾으면 마치 과수원길을 거니는 것과 같은 낭만을 즐길 수 있다.

94 대나무 산책길

키 높은 대나무들이 청계천에 심겨져 있을 거라고 누가 상상이나 했을까? 남쪽 지방에 내려가야 볼 수 있는 대나무들이 고산자교를 지나 청계천 하류 쪽인 지하

철 2호선 용답역 부근 청계천변에 우뚝 서 있다. 높이 5m나 되는 대나무들은 전남 담양군에서 기증한 것으로 넓은 산책길을 따라 대나무 260그루가 심겨져 있다. 서울에서는 좀처럼 보기 힘든 대나무 산책길인 셈이다.

95 청계천 걷기 대회

한달에 두 번 정기적인 축제의 장이 마련된다. 둘째, 넷째 토요일이면 복원구간의 마지막 다리인 고산자교 |용두역 4,5번출구| 아래에 어김없이 사람들이 모여 경쾌한 음악에 맞춰 체조로 걷기대회의 시작을 알린다.

한 번은 하류부인 서울의 숲으로, 또 한 번은 상류인 청계 광장 쪽으로 걷게 된다. 걷기 대회는 누구나 참여 가능하고 참가비도 없다. 상쾌한 아침에 6km 남짓 걸으며 건강도 다지고 걷기 대회를 마친 후에는 참가자들에게 나눠주는 푸짐한 경품추첨 순서가 있으니 일석이조의 행사가 아닌가 싶다. 아이들 손잡고 상쾌한 아침을 열어보며 자연을 만끽하는 건 어떨까.

96 석축 뒤에는 무엇이 있을까?

청계천은 하류 쪽의 일부분을 제외하고 대부분 양쪽이 인공 석축으로 막혀 있다.

이 석축은 청계천 복원 과정에서 생활하수의 처리, 교통 문제 해결 등을 위한 불가피한 선택이었다. 청계천의 구조를 살펴보면 자동차가 달리는

● 장마나 집중호우 때, 빗물을 처리하기 위한 석축문

양안의 상부도로, 청계천에 접한 비상보도, 화강석 등으로 쌓은 석축부, 석축과 산책로 사이의 고수부, 산책로가 있는 저수부, 그리고 물이 흐르는 하천부로 각각 구분되어 있다.

석축부 뒤쪽, 즉 차량이 통행하는 도로 하부는 복개구조 형태로 이루어져 있으며, 그 내부에는 생활하수를 모으는 차집 시설이 있다. 이 시설을 통해 생활하수는 하수처리장으로 보내져 처리된다. 청계천 복원을 하면서 하수 냄새를 감소시키기 위해 별도의 하수 탈취시설을 3개소에 설치했다.

평상시에는 청계천 주변의 생활하수가 석축 뒤 복개 구조부의 분류 하수관을 통해 흐르고 있으며, 만약 비가 내려 빗물이 유입되면서 일정량이 넘으면 석축부에 문처럼 생긴 곳을 통해 청계천으로 빗물이 넘치도록 되어 있다. 주변이 대부분 포장되어 있는 청계천과 같은 도심 하천은 비가 오면 급격하게 수위가 상승하게 되므로 청계천에서 산책을 하다가 갑작스럽게 비를 만나면 재빨리 빠져나와야 한다. 비가 조금이라도 내리는 날에는 청계천을 통제하는 것도 이러한 이유 때문이다.

97 철새 도래지

바로 청계천 하류 쪽 중랑천과 만나는 곳은 강의 폭이 넓고 물이 깊다. 뿐만 아니라 고산자교에서 살곶이다리에 이르기까지 청계천 양안으로 갈대숲이 조성되어 있어 겨울이 오면 이곳은 철새들의 도래지가 된다. 서울에서 이곳만큼 갈대가 우거지고 철새들이 많이 찾아오는 곳이 또 있을까? 그리 넓지 않고 그리 깊지 않은 청계천 강물인데도 다양한 철새들이 날아온다. 청계천이 복원된 첫해만 해도 고방오리, 쇠오리, 청둥오리 등 21종 2천여 마리의 철새가 발견되었다고 한다. 청계천 산책길 난간에 기대어 철새들을 바라보는 것만으로도 도심을 벗어난 기분을 느낄 수 있다. 1월부터 3월까지 철새가 관찰되는 구간에서는 철새를 찾아가는 청계천 철새 프로그램이 운영되고 있다. 전문 강사로부터 청계천 설명을 들으면서 철새를 관찰할 수 있다. 철새뿐만 아니라 메기, 버들치, 잉어, 피라미 등 다양한 어류들도 쉽게 찾아볼 수 있다.

98 그곳에 가면 가을이 있다

청계천 고산자교에서 살곶이다리까지 이르는 2.6㎞ 구간은 갈대숲의 연속이다. 꽃이 있고 갈대가 있고 억새풀이 있다. 가을이 되면 사과와 감이 열리는 가로수 산책길도 있다. 자연 그대로의 생태공원이다. 맑은

물줄기를 따라 청계천 양안으로 넓게 조성된 갈대숲은 중랑천과 합류하는 지점에서 절정을 이룬다. 한양대학교 입구 살곶이 공원 인근에는 경남 창녕군의 명물인 우포늪지와 화왕산에서 가져온 갈대 3만 포기가 심겨져 있다.

1,200평의 대지 위에서 황금빛 갈대가 바람에 춤을 추는 장면은 마치 영화의 한 장면 같다. 서울에서 이곳만큼 갈대가 우거지고 철새들이 많이 찾아오는 곳이 또 있을까? 갈대숲이 있는 산책로는 도심보다는 훨씬 넓어서 사람들과 부대끼지 않아도 된다. 도심의 청계천변이 구경을 위한 것이라면 이곳의 산책로는 자연을 벗하면서 사색에 잠길 수 있는 낭만의 길이다.

99 생태 공간, 버들습지

청계천에서 자연의 진정한 멋을 즐기고 싶다면 복잡한 도심 구간을 빠져나와 하류 쪽으로 가면 된다. 그 중에서 가장 대표적인 곳이 고산자교 인근의 버들습지다. 청계천 생태 복원의 의미를 되새긴다는 차원으로 인공적으로 조성된 버들습지에서는 물고기는 물론이고, 개구리 등 다양한 생물들이 서식하고 있다. 갯버들, 꽃창포 등 다양한 수생식물이 서식하고 있으며 가을

에는 잠자리도 볼 수 있고, 겨울에는 백로나 검둥오리 등 철새들도 날아든다. 청계천 제일의 생태 공간으로 손색없다. 도시에서는 쉽게 접할 수 없는 신기한 것들이 많아서 단체 견학이나 아이들의 자연학습 마당으로 자주 이용되고 있다.

지난 2005년 10월 서울에서 열린 국제경제자문단(SIBAC) 총회와 한중일 3국 환경장관회의에 참석한 외국 인사들이 청계천을 방문해 수많은 명소 중에서도 칭찬을 아끼지 않은 곳이 바로 버들습지다.

100 상쾌한 강변의 아침을 달린다

청계천의 긴 산책로가 끝나는 지점인 살곶이다리 입구에 넓은 체육공원이 있다. 한양대학교 담과 이웃하고 있으며, 인라인 스케이트를 탈 수 있는 트랙 등 여러 운동을 즐길 수 있는 체육시설이 잘 갖추어져 있다. 농구 코트는 물론이고 축구와 야구까지 할 수 있다. 체육공원 한쪽에서 열심히 경기를 펼치고 있는 리틀 야구단의 앙증스러운 모습도 볼 수 있다. 주변 경관도 좋다. 체육공원 앞으로는 중랑천 강물이 흐르고 특히 겨울이 되면 철새들의 도래지가 된다. 공원 입구의 넓은 공영주차장은 밤이 되면 자동차 극장으로 변모한다.

큰길에서 쉽게 접근이 가능하고 모두 180대의 승용차가 동시 관람할 수 있어 승용차를 이용한 연인들의 데이트 장소로 자주 이용된다. 살곶이다리도 바로 옆에 있다. 넓은 체육공원, 갈대숲, 그리고 예전 그대로의 모습을 간직하고 있는 살곶이다리는 모두 한데 어우러져 현재와 과거가 공존하고 있는 고즈넉한 풍경을 연출하고 있다. 전철 2호선 한양대학교 전철역에서 도보로 5분 거리에 있어 교통도 편리하다.

101 청계천에서 서울숲으로

뚝섬이 새롭게 탈바꿈했다. 서울에서 가장 낙후되었던 공장지대가 푸른 숲이 있는 공원으로 거듭 태어난 것이다. 이 서울숲은 서울시가 뉴욕의 센트럴파크와 같은 대규모 도시 숲으로 만들기 위해 2004년 공사를 시작해 2005년 6월에 문을 연 35만 평 규모의 시민공원이다. 종래 뚝섬은 한강과 중랑천이 합해지는 범람지역에 인공 제방을 쌓아 조성된 지역으로 그 동안 주택 및 공장지대가 들어서 있었다.

특히 이곳은 고려시대 때 강감찬 장군이 자주 출몰하는 호랑이를 물리쳐 백성들을 편안하게 했다는 이야기가 있을 정도로 자연환

경이 뛰어나 조선시대에는 왕들의 사냥터가 되기도 했다. 5개 테마 공원으로 조성된 이곳은 먼저 광장과 야외무대, 아틀리에, 인공연못 등 시민들이 다양한 여가 활동을 할 수 있는 '문화예술공원', 고라니와 다람쥐 등 야생동물이 서식할 수 있도록 자연 그대로의 숲을 재현한 '생태숲', 그리고 조류 관찰대, 정수식물원 등 체험학습 공간인 '습지생태원', 각종 식물의 생태를 체험하고 학습할 수 있는 공간인 '자연체험학습원', 마지막으로 선착장과 자전거도로 등 맘껏 뛰어놀 수 있는 '한강수변공원'으로 각각 조성되었다. 이 서울숲은 청계천 산책길을 따라 고산자교를 지나 하류 쪽 살곶이다리를 건너 쉽게 찾아갈 수 있다.

고산자교
두물다리
무학교
비우당교
황학교
영도교
다산교
맑은내다리
오간수교
버들다리
나래교

마전교
새벽다리
배오개다리
세운교
관수교
수표교
삼일교
장통교
광　　교
광통교
모전교

index
청계천 즐기기

제1경 청계광장

제2경 광통교

제3경 정조반차도

index
청계천 즐기기

제4경 패턴천변

제5경 빨래터

제6경 소망의 벽

清溪川

제7경 하늘물터

제8경 버들습지